普通高等教育电子信息类系列教材

MATLAB 程序设计及应用

主　编　赵转哲　江本赤

副主编　刘永明　刘志博　张　振

西安电子科技大学出版社

内 容 简 介

本书主要介绍 MATLAB 概述、MATLAB 基础数学运算、MATLAB 程序控制、数据可视化、数据插值与拟合、回归分析和方差分析、最优化设计、智能算法、机械工程设计、Simulink 动态仿真设计、信号处理、神经网络等内容，通过简明扼要的讲解、典型例题的引导和分析，充分展现了 MATLAB 在数学计算、算法编程、数据分析、绘图处理、Simulink 动态仿真和工程应用方面的强大功能。通过学习本书，读者可轻松掌握 MATLAB 的编程技术，为今后的课程学习、科学研究、行业应用开发等实践活动打下坚实基础。

本书可以作为高等院校电子信息类专业本科生、研究生的教材，也可作为在相关领域从事教学和科研工作的人员的参考书籍。

本书配有教学视频，读者可登录 www.ehuixue.cn 网站，注册后观看学习。本书还配有电子课件，有需要者可登录出版社网站，免费下载。

图书在版编目(CIP)数据

MATLAB 程序设计及应用 / 赵转哲，江本赤主编. —西安：西安电子科技大学出版社，2023.7(2024.1 重印)
ISBN 978 - 7 - 5606 - 6786 - 7

Ⅰ. ①M… Ⅱ. ①赵… ②江… Ⅲ. ①Matlab 软件—程序设计 Ⅳ. ①TP317

中国国家版本馆 CIP 数据核字(2023)第 031182 号

策　　划　高　樱
责任编辑　高　樱
出版发行　西安电子科技大学出版社(西安市太白南路 2 号)
电　　话　(029)88202421　88201467　　　邮　编　710071
网　　址　www.xduph.com　　　　　　　电子邮箱　xdupfxb001@163.com
经　　销　新华书店
印刷单位　陕西天意印务有限责任公司
版　　次　2023 年 7 月第 1 版　2024 年 1 月第 2 次印刷
开　　本　787 毫米×1092 毫米　1/16　印张　14.5
字　　数　341 千字
定　　价　40.00 元
ISBN 978 - 7 - 5606 - 6786 - 7 / TP

XDUP 7088001 - 2

＊＊＊ 如有印装问题可调换 ＊＊＊

前　　言

MATLAB 是 Matrix、Laboratory 两个词组合后的缩写，意为矩阵工厂（矩阵实验室），是一种最接近自然语言的数学商业软件。它将数值分析、矩阵计算、数据可视化以及非线性动态系统的建模和仿真等诸多强大功能集成在一个易于使用的视窗环境中，为科学研究、工程设计以及必须进行有效数值计算的众多科学领域提供了一种全面的解决方案。MATLAB 具有编程简单、易学易懂、移植性和开放性强等特点，已经发展成为数学计算、数值分析、数学建模、最优化设计、数理统计、财务分析、金融计算、自动控制、信号处理、通信系统仿真等课程的基本教学工具，是目前世界上流行的仿真计算软件之一，特别是在数学软件领域，独占鳌头。

本书包括 MATLAB 概述、MATLAB 基础数学运算、MATLAB 程序控制、数据可视化、数据插值与拟合、回归分析和方差分析、最优化设计、智能算法、机械工程设计、Simulink 动态仿真设计、信号处理和神经网络等内容。

本书具有如下特点：

（1）内容由浅入深，紧密结合案例。

本书主要面向的是非计算机专业的编程人员，以解决工程应用问题为终极目标，所以在内容设计上遵循由浅入深、循序渐进的原则，将烦琐的编程内容尽量简化，同时结合案例讲解编者多年积累的编程经验和技巧，突出重难点，目的是使读者尽快掌握 MATLAB 的内核，并准确、快速地将其应用于工程问题。

（2）内容新颖，适应多学科应用。

本书使用 MATLAB 9.11（R2021b）平台进行相关内容的讲解，简化了基础编程部分，根据编者多年来在不同专业讲授"MATLAB 程序设计"课程的经验，将数理统计、数值分析、机械工程、电子信息、人工智能等不同领域的最新内容和应用融合在一起，以方便广大读者进行交叉学科的研究和实践。

（3）资源丰富，提供立体化教材。

本书得到了安徽省 2019 年高等学校省级质量工程大规模在线开放课程（MOOC）示范项目和安徽省 2020 年省级教学示范课项目的支持。本书配套的教学视频目前已在安徽省高校智慧教育平台（www. ehuixue. cn）运行，有兴趣的读者可以登录网站，注册后观看学习。授课 PPT 和实例源文件可在出版社网站下载，也可联系编者（zhuanzhe727@ahpu. edu. cn）。

作者分工如下：第 1、2、8、12 章由赵转哲博士、江本赤博士共同编写，第 3、7、9 章由刘永明博士编写，第 4、10、11 章由刘志博博士编写，第 5、6 章由张振博士编写，参加编写工作的还有付磊、叶国文和张师榕等研究生。除此之外，本书还得到了同事及国内同行的大力支持和鼓励，在此表示衷心的感谢！

本书在编写过程中参考了很多国内外文献与书籍，在此对其作者一并表示感谢！

编者从 2002 年开始学习并使用 MATLAB 软件，至今已有 20 余年。其间 MATLAB 经历了多次版本升级，其功能越来越强大和全面，用户体验越来越好，编者深感自己多年所学只不过是沧海一粟，虽然初心与激情仍在，但水平有限，所述内容难免挂一漏万，再加上时间仓促，书中难免会有不足之处，因此编者怀着一颗抛砖引玉的惶恐之心，恳切期望得到各方面专家和广大读者的指正。

编　者

2023 年 1 月

目　　录

第 1 章　　MATLAB 概述

　　MATLAB 是 Matrix 和 Laboratory 两个词组合后的缩写,意为矩阵工厂(矩阵实验室),是美国 MathWorks 公司出品的一款经典且至今仍在广泛使用的商业数学软件。MATLAB 将矩阵计算、数值分析、科学数据可视化以及非线性动态系统的建模和仿真等诸多强大的功能集成在一个易于使用的视窗环境中,广泛应用于数学建模、数理统计、无线通信、最优化设计、信号处理、通信系统仿真和计算机视觉等领域。

　　本章首先介绍 MATLAB 的发展历史,接着对 MATLAB 的工作环境和帮助系统等内容进行阐述。通过本章的学习,读者将对 MATLAB 有一个整体的认识。

1.1　　MATLAB 简介

　　20 世纪 70 年代,美国新墨西哥大学的 Cleve Moler 博士使用 Fortran 语言首创了 MATLAB 雏形,1984 年 MathWorks 公司正式将其推向市场。历经四十余年的发展和完善,MATLAB 作为一种面向科学与工程计算的高级语言,已成为国际上应用最广泛的科技编程软件,在学术研究与工业设计等领域占有近乎垄断的市场地位。

1.1.1　　MATLAB 的发展

　　20 世纪 70 年代,时任美国新墨西哥大学计算机科学系主任的 Cleve Moler 教授在美国国家科学基金的资助下开发了调用特征值求解的 EISPACK 和用线性方程求解的 LINPACK 这两个 Fortran 子程序库。Fortran 的这两个子程序库代表了当时矩阵运算的最高水平。后来,Cleve Moler 教授在给学生讲授线性代数课程时希望学生使用 EISPACK 和 LINPACK 子程序库,但他发现学生用 Fortran 编写接口程序很费时间。为了减轻学生的编程负担,他利用业余时间为学生编写了 EISPACK 和 LINPACK 的接口程序,这个接口程序就是 MATLAB 的雏形。

　　在以后的数年里,MATLAB 在多所大学作为教学辅助软件被免费使用,深受学生喜欢。1983 年,Cleve Moler 教授到斯坦福大学讲学。MATLAB 深深地吸引了工程师 Jack Little。Jack Little 敏锐地觉察到 MATLAB 在工程领域的广阔应用前景,于是他和 Cleve Moler 教授一起用 C 语言开发了第二代专业版,使 MATLAB 语言同时具备了数值计算和数据图示化功能。在 Jack Little 的推动下,Jack Little、Cleve Moler 和 Steve Bangert 合作,于 1984 年成立了 MathWorks 公司,并把 MATLAB 作为商业软件正式推向市场。短短几年,MATLAB 就以其良好的开放性和运行的可靠性,使原先控制领域的封闭式软件包(如英国的 UMIST 等)纷纷在 MATLAB 平台上重建。在 20 世纪 90 年代,MATLAB 已经成为国际上公认的标准计算软件,在当时公认的 30 多个数学类科技软件中独占鳌头。

　　自第 1 版以来,越来越多的科技工作者加入 MATLAB 的开发过程中,推动着

MATLAB 不断更新迭代。1992 年，MathWorks 公司推出了基于 Windows 平台的 MATLAB 4.0 版本。4.x 版本在继承和发展其原有的数值计算和图形可视能力的同时，集成了用于动态系统建模的 Simulink 仿真分析模块，推出了以 Maple 为"引擎"的 Symbolic Math Toolbox 符号计算工具包。MATLAB 的出现结束了国际上数值计算、符号计算孰优孰劣的长期争论，促成了两种计算互补发展的新时代。此外，MathWorks 公司运用 DDE 和 OLE 实现了 MATLAB 与 Word 的无缝连接，从而为专业科技工作者创造了融科学计算、图形可视、文字处理于一体的高水准环境。1997 年，MATLAB 5.0 版本问世，该版本支持更多的数据结构，如单元数据、结构数据、多维数据、对象和类等，使 MATLAB 的功能更加完善。MATLAB 5.0 版本后历经 5.1、5.2、5.3、6.0、6.1 等多个版本的不断改进，MATLAB"面向对象"的特点愈加突出，操作界面愈加友善。2002 年推出的 6.5 版本采用了 JIT 加速器，它使 MATLAB 的运算速度得到了极大提高。2004 年 7 月，MathWorks 公司推出了 7.0 版本，该版本除集成了 Simulink 6.0 仿真软件外，在编程环境、代码效率、可视化和文件 I/O 等方面全面升级，内容更为丰富。

从 2006 年开始，MATLAB 的版本号以年份进行区分，MathWorks 公司在每年的 3 月份和 9 月份对版本进行更新。版本分为 a 和 b，其中，a 在 3 月份更新，b 在 9 月份更新，如 MATLAB R2006a、MATLAB R2006b、MATLAB R2007a 等。

本书使用的软件版本是 2021 年 9 月发布的 MATLAB R2021b，即 MATLAB 9.11 版本。

1.1.2　MATLAB 的主要特点

1. 强大的数值运算及符号运算功能

MATLAB 是一个高级的矩阵/阵列语言，它提供了丰富的数值分析命令，具有出色的数值运算能力。MATLAB 拥有工程中要用到的 600 多个数学运算函数，可以方便地实现用户所需的各种计算功能，如矩阵运算、线性方程组的求解、微分方程及偏微分方程组的求解、符号运算、数据统计分析、快速傅里叶变换（FFT）、约束优化、稀疏矩阵运算、复数运算、三角函数和其他初等数学运算、多维数组操作以及建模动态仿真等。

MATLAB 的符号运算是对数值运算的补充，也是科学计算研究中不可替代的重要内容。符号运算是精确计算，不会产生截断误差，并且可以根据需要，给出完全的封闭解或任意精度的数值解。

2. 先进的图形处理与数据可视化功能

MATLAB 具有优秀的绘图功能和方便的数据可视化功能。MATLAB 软件内含有多种绘图函数命令，可以绘制各种图形，包括二维或三维图形（如线形图、条形图、饼图等）、工程特性较强的特殊图形（玫瑰花图、极坐标图等）、显示数据分析的图形（如矢量图、等值线图、曲面图等），也可以修改和装饰图形，突出呈现的效果，还可以制作生成快照的动画。利用 MATLAB 图形句柄操作并结合绘图函数可绘制自己想要的最理想的图形。对于图形的光照、色度以及四维数据等，MATLAB 同样有出色的处理能力，为用户在绘图方面提供了一个没有束缚的广阔空间。

3. 直译式的编程语言

MATLAB 是一种集编程、解释与执行于一体的高级语言。该语言采取通用的数学形式，将编辑、编译、连接、执行等功能融为一体，简单易学，调试程序手段丰富，速度快，可以快速排除输入程序时书写、语法等方面的错误。具有一般语言基础的用户可以较快地掌握 MATLAB。

4. 功能强大的工具箱

MATLAB 的工具箱分为两类：功能性工具箱和学科性工具箱。每个工具箱都是实现特定功能的函数集合。功能性工具箱主要用来扩充其符号计算功能、图示建模仿真功能、文字处理功能及与硬件实时交互的功能等；学科性工具箱由该领域学术水平较高的专家进行编写，具有很强的专业性。利用 MATLAB 的工具箱，用户只需简单编写自己学科领域范围内的基础程序，就可直接进行高效、精密、尖端的科学研究和数值计算。

5. 良好的开放性

MATLAB 具有开放性，其内部函数都是可读、可修改的，用户可以对源程序进行修改，或者自己编写程序来构造新的专用工具包，通过工具箱进行功能扩展。很多公司的产品都支持 MATLAB 的扩展，如美国 NI 公司的信号测量和分析软件 LabVIEW、HP 公司的 VXI 硬件、TM 公司的 DSP 等。

1.1.3　MATLAB 系统组成

MATLAB 系统由 MATLAB 开发环境、MATLAB 数学函数库、MATLAB 语言、MATLAB 图形处理系统和 MATLAB 应用程序接口（API）五大部分构成。

1. MATLAB 开发环境

MATLAB 开发环境是一套方便用户使用的函数和文件的工具集，其中许多工具是图形化用户接口。它是一个集成化的工作区，可以让用户输入、输出数据，并提供了 M 文件的集成编译和调试环境。MATLAB 开发环境包括 MATLAB 桌面、命令行窗口、M 文件编辑调试器、MATLAB 工作区和在线帮助文档等。

2. MATLAB 数学函数库

MATLAB 数学函数库是 MATLAB 的基本组成部分。函数库包括了大量的算法，从加减乘除、三角函数等基本算法到微积分运算、图像处理、快速傅里叶变换、小波分析等复杂运算，为用户直接调用函数提供了极大的便利。

3. MATLAB 语言

MATLAB 语言是一种高级的、基于矩阵的交互性数学脚本语言，其提供的数据类型多样，具有控制语句、函数、数据结构、输入/输出、工具箱等，既可以方便快捷地建立简单程序，也能建立起庞大复杂的应用程序。

4. MATLAB 图形处理系统

MATLAB 图形处理系统主要是指数据可视化系统，包括二维图形、三维图形、图像处理和动画显示等函数，能方便地图形化显示向量和矩阵，亦能对图形添加标注和打印。

5. MATLAB 应用程序接口

MATLAB 应用程序接口可以使 MATLAB 方便地调用 C 和 Fortran 等其他高级编程语言，并可以在 MATLAB 与其他应用程序间建立客户/服务器关系。

1.1.4　MATLAB R2021b 的新特性

MATLAB R2021b 更新了 MATLAB 和 Simulink 产品的部分新功能，并对其他产品进行了更新和补丁修复。

1. MATLAB 产品的新功能

MATLAB 产品在编辑环境、数据分析、图形绘制、外部语言接口等方面进行了更新。MATLAB 产品的部分新功能如下：

1）编辑环境

（1）编辑器显示：将编辑器中的放大或缩小功能转至视图选项卡，在缩放时可选择🞣放大或🞣缩小按钮。缩放时，MATLAB 会在编辑器的右下角显示当前比例，也可以按住 Ctrl 键并移动鼠标滚轮，或按 Ctrl＋加号和 Ctrl＋减号进行操作。

（2）编辑器代码：从 R2021b 开始，在编辑器中编写命令时，MATLAB 会自动显示参数、属性值和可选语法的上下文提示。另外，在编辑器中输入代码时，MATLAB 会自动补全块结尾，匹配分隔符，将注释换行。也可以将编辑器中的所选文本或代码的大小写从全部大（小）写改为全部小（大）写。

（3）实时编辑器动画：使用实时编辑器动画播放控件中的🖳"导出动画"按钮，可将动画导出为影片或动画 GIF 格式。

2）数据分析

（1）按组计算实时编辑器任务：使用按组计算实时编辑器任务以交互方式计算统计数据、变换数据或按组筛选数据等。

（2）归一化数据实时编辑器任务：使用归一化数据实时编辑器任务以各种方法（如 z 分数）对数据进行可视化、中心化以及缩放。

（3）清理缺失数据实时编辑器任务：使用清理缺失数据实时编辑器任务时，可定义不同于标准 MATLAB 缺失值的缺失值指示符。

3）图形绘制

（1）绘制表数据：可以通过将表格中的数据直接传递给绘图函数来创建散点图、气泡图和分簇散点图等。

（2）设定坐标轴刻度和颜色：可以独立于坐标区中的其他元素删除刻度线并自定义刻度标签的颜色。

（3）创建绘图实时任务：可以在生成的绘图中添加其他可视化效果，支持具有多种输入语法的绘图函数（包括 surf 和 mesh）的多种配置。

4）外部语言接口

（1）C++接口：支持 void＊＊参数、char[]参数和静态数据成员等 C++语言的功能。

（2）Java 接口：可以使用系统中的 Java 运行时环境（JRE）运行 MATLAB，也可以按操作系统提示符设置路径。

（3）Python 接口：pyrun 和 pyrunfile 函数可以从 MATLAB 中调用 Python 命令和脚本，同时，MATLAB 支持将复数多维数组数据传递给 Python 或从 Python 传递给 MATLAB。

2．Simulink 产品的新功能

Simulink 产品作为 MATLAB 的两个核心内容之一，在仿真分析、项目和文件管理、块增强功能和与硬件的连接等方面进行了更新，产品的部分新功能如下：

1）仿真分析

（1）在不同场景下运行多个仿真。在 R2021b 中，可以在 Simulink 编辑器中为不同的场景运行多个仿真。

（2）具有快速重启功能，可实现求解器的切换。在 R2021b 中，可通过快速重启功能来切换求解器，无须在每次更改求解器时都重新编译模型。

（3）可查看阵列图上的多维信号数据。仿真数据检查器支持将多维时间序列数据表示为具有多维样本值的单个信号。

2）项目和文件管理

（1）在 MATLAB Online 中比较 Simulink 模型。从 R2021b 开始，用户可以使用 visdiff 函数在 MATLAB Online 中比较 Simulink 模型文件。

（2）使用 MATLAB Online 中的项目进行协作。新版本中，MATLAB Online 为如下基本项目工作流提供支持：创建一个空项目并添加文件和文件夹，浏览项目并运行依赖项分析，创建项目并以编程方式管理项目文件等。

（3）支持 MDL 格式。从 R2021b 开始，MATLAB 为模型文件提供了符合开放打包约定的 MDL 格式。

3）与硬件的连接

（1）由 Simulink 模型生成代码，以便使用处理器在环（PIL）模拟直接在 Android 设备上运行。PIL 仿真结果传输到 Simulink，以验证仿真数值的等效性和代码生成结果。

（2）在 Arduino 板上实现仪表板按钮块的交互式显示。适用于 Arduino 硬件的 Simulink 支持包现在支持在 Arduino 开发板上生成代码和部署仪表板按钮块，可以使用 Simulink 模型中的按钮块来创建交互式显示仪表板，并将该块部署在 Arduino 开发板上。

1.2　MATLAB 工作环境

1.2.1　MATLAB 的安装、启动和退出

1．MATLAB 的安装

一般情况下，MATLAB 安装包是一个 ISO 格式的镜像文件。安装前，先建立一个文件夹，用解压软件将安装包解压到该文件夹中。安装时，双击安装文件 setup.exe，按弹出的对话框中的提示完成安装过程。在【文件安装密钥】对话框中选择第一个选项，要求输入文件安装密钥。此时，打开 readme.txt 文件，复制文件安装密钥，再将文件安装密钥粘贴到【文件安装密钥】对话框的文本框中，然后单击【下一步】按钮。在【产品选择】对话框中选择要安装的系统模块和工具箱，根据自己的需求选择要安装的产品，单击【下一步】按钮。进入系统文件安装界面，屏幕上有进度条，用于显示安装进度，安装过程需要较长时间。安装完成之后，进入【产品配置说明】窗口，单击【下一步】按钮，完成系统安装。

2. MATLAB 的启动

常用的启动方法有以下三种：

（1）将 MATLAB 系统的启动程序以快捷方式放在 Windows 桌面上，在桌面上双击 MATLAB 图标。

（2）单击任务栏中的【开始】，选择【所有程序】→【MATLAB R2021b】选项。

（3）在 MATLAB R2021b 的安装目录内的 bin 文件夹下，双击运行"MATLAB. exe"。

图 1-1 所示为 MATLAB R2021b 的启动界面。启动后，弹出 MATLAB R2021b 默认的用户主界面，如图 1-2 所示。

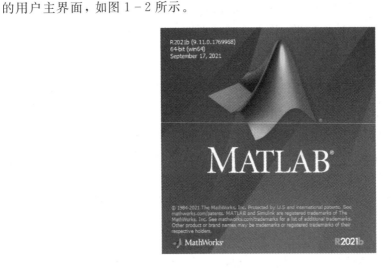

图 1-1　MATLAB R2021b 的启动界面

图 1-2　MATLAB R2021b 的主界面

3. MATLAB 的退出

常见的方法有以下两种：

（1）单击 MATLAB 主窗口中的【关闭】按钮。

（2）在 MATLAB 的命令窗口中输入【Exit】或【Quit】命令。

1.2.2　MATLAB 的操作界面

从 MATLAB R2012 开始，MATLAB 采用与 Office2010 相同风格的操作界面，用 Ribbon(功能区)界面取代了传统的菜单式界面，它由若干选项卡构成，当单击选项卡时，并不会打开菜单，而是切换到相应的功能区面板。

MATLAB 操作界面由多个窗口组成，其中标题为"MATLAB R2021b"的窗口称为主窗口，此外，还有命令行窗口、当前文件夹、工作区和命令历史记录等，它们可以内嵌在 MATLAB 主窗口中，也能以独立窗口的形式浮动在 MATLAB 主窗口之上。单击窗口右上角的显示操作按钮，从展开的菜单中选择【取消停靠】命令或使用快捷键【Ctrl＋Shift＋U】，就可以浮动窗口。如果希望重新将窗口嵌入 MATLAB 的主窗口中，可以单击窗口右上角的显示操作按钮，从展开的菜单中选择【停靠】命令或使用快捷键【Ctrl＋Shift＋D】。

1. MATLAB 主窗口

MATLAB 主窗口除嵌入了一些功能窗口外，主要包括功能区、快速访问工具栏和当前文件夹工具栏。

MATLAB 功能区提供了 3 个选项卡，分别为【主页】【绘图】和【APP】。不同的选项卡有对应的工具条，通常按功能将工具条分成若干命令组，各命令组包括一些命令按钮，通过命令按钮实现相应的操作。【主页】选项卡是 MATLAB 的主界面(见图 1－2)，包括【文件】【变量】【代码】【Simulink】【环境】和【资源】等命令组，各命令组又包含相应的命令按钮；【绘图】选项卡(见图 1－3)提供了用于绘制图形的各种命令；【APP】选项卡(见图 1－4)提供了多类应用工具。

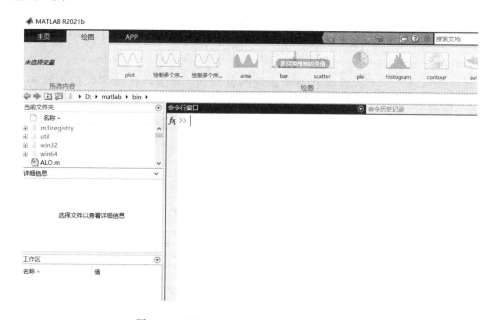

图 1－3　MATLAB R2021b 的【绘图】选项卡

在每个选项卡的右上方均是快速访问工具栏，其中包含一些常用的操作按钮，如【保存】【复制】【粘贴】【撤销】和【打印】等；在功能区下方的是【当前文件夹】工具栏，通过它可以很方便地实现文件夹的操作。

图 1 - 4　MATLAB R2021b 的【APP】选项卡

若要调整主窗口的布局，可以在【主页】选项卡的【环境】命令组中单击【布局】按钮，从展开的菜单中选择有关布局方式的命令；若要显示或隐藏主窗口中的其他窗口，可以从【布局】按钮所展开的菜单中选择有关命令。

2. 命令行窗口

命令行窗口用于输入命令并显示除图形以外的所有执行结果，它是 MATLAB 的主要交互窗口。用户的大部分操作都是在命令行窗口中完成的。

MATLAB 命令行窗口中的"≫"为命令提示符，表示 MATLAB 处于准备状态。在命令提示符后输入命令并按下【Enter】键后，MATLAB 就会解释执行所输入的命令，并在命令后面显示执行结果。

在命令提示符"≫"的前面有一个函数浏览按钮，单击该按钮可以按类别快速查找 MATLAB 的函数。

一般来说，一个命令行输入一条命令，命令行以【Enter】键结束。但一个命令行也可以输入若干命令，各命令之间以逗号（英文状态）分隔，若前一条命令后带有分号，则逗号可以省略。例如：

```
≫a＝15；b＝25
b＝
25
≫a＝15，b＝25
a＝
15
b＝
25
```

这两个命令行都是合理的。由于第一个命令行 a 后面带有分号，所以执行后 a 的值不显示，而只显示 b 的值；在第二个命令行中，a 后面带有逗号，因此，执行后 a 和 b 的值均显示。

如果一个命令行很长，需要分成两行或多行来输入，则可以在第一个物理行之后加上

"…"，并按下【Enter】键，然后在下一个物理行继续输入命令的其他部分。符号"…"称为续行符，即把下面的物理行看作该行的逻辑继续。例如：

```
>>y=1+3+5+7+9+11+13+15+17+…
19+21+23+25+27+29+31
y=
256
```

这是一个命令行，它占用两个物理行，在第一个物理行中以续行符"…"结束，第二个物理行是上一行的继续。

在 MATLAB 中，有很多控制键和方向键可用于命令行编辑。如果能熟练使用这些键，将大大提高操作效率。例如，当将命令 $x=(\log(5)+\mathrm{sqrt}(10))/3$ 中的函数名 sqrt 输入成 sqr 时，由于 MATLAB 中不存在 sqr 函数，因此 MATLAB 将会给出错误信息。命令执行情况如下：

```
>>y=(log(5)+sqr(10))/3
函数或变量'sqr'无法识别
```

重新输入命令时，用户不用输入整行命令，只需按上移光标键【↑】调出刚才输入的命令行，再在相应的位置 sqr 后输入字母"t"，并按下【Enter】键即可。多次使用上移光标键，可以调回以前输入的所有命令行。还可以只输入少量的几个字母，再按上移光标键，调出最后一条以这些字母开头的命令。例如，输入"log"后再按上移光标键，则会调出最后一次使用的以"log"开头的命令行。在 MATLAB 命令后面可以加上注释，用于解释或说明命令的含义，对命令执行结果不产生任何影响。注释以"％"开头，后面是注释的内容。

在命令行窗口，为了便于对输入的内容进行编辑，MATLAB R2021b 提供了一些命令功能，掌握这些功能可以在输入命令的过程中起到事半功倍的效果。表 1-1 列出了 MATLAB 命令行编辑的常用控制键及其功能。

表 1-1　命令行编辑的常用控制键及其功能

键名	功　能	键名	功　能
↑	前寻式调回已输入过的命令	disp	显示变量或文字内容
↓	后寻式调回已输入过的命令	load	加载指定文件的变量
←	在当前行中左移光标	End	将光标置于当前行末尾
→	在当前行中右移光标	Del	删除光标右边的字符
PgUp	前寻式翻滚一页	Backspace	删除光标左边的字符
PgDn	后寻式翻滚一页	Esc	删除当前行的全部内容
clf	清除图形窗口	Ctrl+←	光标左移一个单词
type	显示文件内容	Ctrl+→	光标右移一个单词
path	显示搜索目录	Ctrl+C	中断一个 MATLAB 任务
Home	将光标置于当前行开头	exit/quit	退出 MATLAB
save	保存内存变量到指定文件		

在 MATLAB 语言中，一些标点符号(英文状态)也被赋予了特殊的意义或代表一定的运算，具体内容如表1-2所示。

表 1-2　常用的标点符号及其功能

键名	功　能	键名	功　能
,	区分列及函数参数分隔符	:	具有多种应用功能
;	区分行及取消运行结果显示	!	调用操作系统运算
=	赋值标记	%	注释标记
'	字符串的标识符	( )	指定运算的优先级
.	小数点及对象域访问	[ ]	定义矩阵
…	续行符号	{ }	构造单元数组

3. 当前文件夹

MATLAB 系统本身包含了数目繁多的文件，再加上用户自己创建的文件，更是数不胜数。如何管理和使用这些文件十分重要。为了对文件进行有效的组织和管理，MATLAB 有自己的文件夹结构，不同类型的文件放在不同的文件夹下，可以通过路径来搜索文件。

【当前文件夹】是指 MATLAB 运行时的工作文件夹，只有在当前文件夹或搜索路径下的文件、函数才可以被运行或调用。【当前文件夹】窗口默认内嵌在 MATLAB 主窗口的左部。如果没有特殊指明，数据文件也将存放在【当前文件夹】下。为了便于管理文件和数据，用户可以将自己的工作文件夹设置到当前文件夹下，从而使用户的操作都在【当前文件夹】中进行。与命令行窗口类似，【当前文件夹】窗口也可以成为一个独立的窗口，如图 1-5 所示。

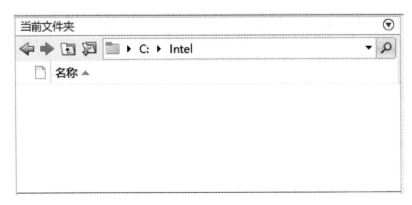

图 1-5　【当前文件夹】窗口

4. 工作区

【工作区】窗口是 MATLAB 操作界面的重要组成部分。工作区也称为工作空间，它是 MATLAB 用于存储各种变量和结果的内存空间。【工作区】窗口显示当前内存中所有

MATLAB 变量的变量名、数据结构、字节数及数据类型等信息，如图 1 - 6 所示。在【工作区】窗口中，可对变量进行观察、编辑、保存和删除等操作。在该窗口中以表格形式显示工作区中所有变量的名称、取值。从表格标题行的右键快捷菜单中可选择增删显示变量的统计值，如最大值、最小值等。用户可以选中已有的变量，单击鼠标右键对其进行各种操作。此外，工作界面的菜单|工具栏上也有相应的命令供用户使用。

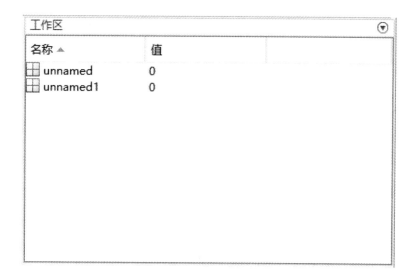

图 1 - 6　【工作区】窗口

1.3　MATLAB 帮助系统

　　MATLAB 提供了数目繁多的函数和命令，要把它们全部记下来是不现实的。MATLAB 提供了丰富的帮助功能，通过这些功能可以很方便地获得有关函数和命令的使用方法。帮助文档是应用软件的重要组成部分，文档编制的质量直接关系到应用软件的记录、控制、维护和交流等一系列工作。

　　MATLAB 提供的帮助系统对初学者和能熟练操作 MATLAB 的用户都有很大的帮助。

1.3.1　纯文本帮助

　　MATLAB 中的各个函数，不管是内建函数、M 文件函数，还是 MEX 文件函数等，一般都有 M 文件的使用帮助和函数功能说明。各个工具箱通常情况下也具有一个与工具箱名称相同的 M 文件来说明工具箱的构成内容。

　　在 MATLAB 命令行窗口中，可以通过一些命令来获取这些纯文本的帮助信息。MATLAB 帮助命令包括 help、lookfor 以及模糊查询，其中，help 和 lookfor 的用法和区别如下：

1. help 命令

　　help 命令是查询函数语法的最基本方法。在命令行窗口中输入 help 命令将会直接显示当前帮助系统中所包含的所有项目，即搜索路径中所有的文件夹名称。同样，可以通过

help 加函数名来显示该函数的帮助说明。例如，为了显示 sqrt 函数的使用方法与功能，可使用如下命令：

```
>> help sqrt
sqrt - 平方根
此 MATLAB 函数返回数组 X 的每个元素的平方根。对于 X 的负元素或复数元素，sqrt(X) 生成复数结果
B= sqrt(X)
另请参阅 nthroot, realsqrt, sqrtm, sqrt 的文档名为 sqrt 的其他函数
```

2. lookfor 命令

help 命令只搜索出那些与关键字完全匹配的结果，而执行 lookfor 命令可以按照指定的关键字查找所有相关的 M 文件。例如，执行 help 命令时：

```
>>help sqr
未找到 sqr
请使用帮助浏览器的搜索字段搜索文档，或者键入"help help"获取有关帮助命令选项的信息，例如方法的帮助
```

由于 MATLAB 中不存在 sqr 函数，所以 help 命令的搜索结果为"未找到 sqr"。当执行 lookfor 命令时：

```
>> lookfor sqr
realsqrt              - Real square root.
sqrt                 - Square root.
sqrtm                - Matrix square root.
sqrtm_tbt            - Square root of 2x2 matrix from block diagonal of Schur form.
sqrtm_tri            - Square root of quasi-upper triangular matrix.
lsqr                 - LSQR Method.
identityMapper       - Mapper function for the MapReduce TSQR example.
tsqrMapper           - Mapper function for the TSQRMapReduceExample.
...
```

lookfor 命令执行后得到了 M 文件中包含字符"sqr"的所有函数。

1.3.2　演示帮助

通过 demos 演示帮助，用户可以更加直观、快速地学习 MATLAB 中许多实用的知识。例如，在命令行窗口中输入：

```
>>demos
```

执行命令后会弹出一个【帮助】窗口，如图 1－7 所示。

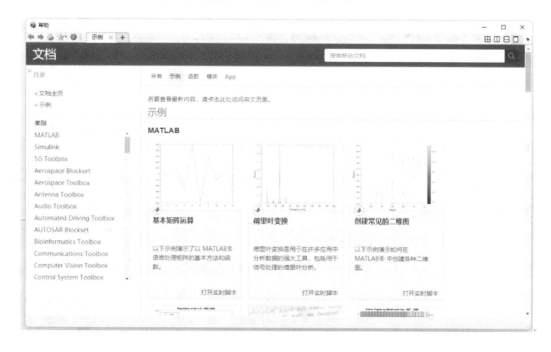

图 1－7　【帮助】窗口

在右上角的搜索区输入想要学习的函数，即可找到对应的帮助信息和函数的应用示例，如输入"sqrt"，则弹出图 1－8 所示的界面，点击第一个【sqrt-Square root】内容，弹出图 1－9 所示的界面，详细说明了"sqrt"函数的名称、定义、用法和具体实例等一系列内容。

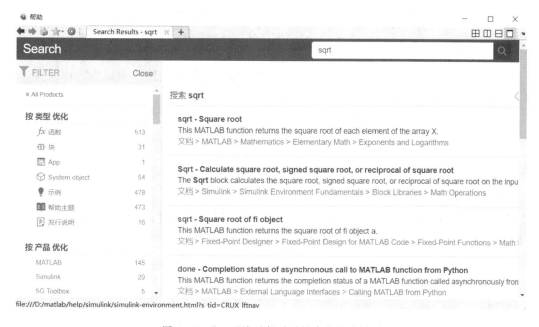

图 1－8　"sqrt"演示帮助系统中的搜索结果

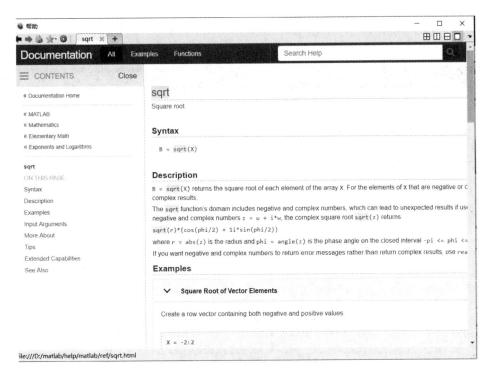

图 1-9　"sqrt"函数的详细说明

1.4　MATLAB 使用初步

下面以一个简单的示例展示如何使用 MATLAB 进行简单的数值计算。

【例 1-1】　计算式子 $a=\mathrm{e}+\cos\dfrac{\pi}{3}$ 的值。

解　在命令行窗口中输入 $a=\exp(1)+\cos(\mathrm{pi}/3)$，按【Enter】键，可以在工作区窗口看到变量 a 的大小为 3.2183，命令行窗口显示代码：

```
>> a=exp(1) +cos(pi/3)
a=
  3.2183
```

【例 1-2】　计算式子 $b=3\times4-\sqrt{15}$ 的值。

解　在命令行窗口中输入 $b=3*4-\mathrm{sqrt}(15)$，按【Enter】键，可以在工作区窗口看到变量 b 的大小为 8.1270，命令行窗口显示代码：

```
>>b=3 * 4 — sqrt(15)
b=
8.1270
```

【例 1-3】　在命令行窗口中输入 $x=1:2:12$；$A=\sin(x)$，$B=\sin(2*x)$，在命令行窗口注意变量的显示情况：

```
>>x=1:2:12; A=sin(x), B=sin(2*x)
A=
  0.8415    0.1411    -0.9589    0.6570    0.4121    -1.0000
B=
  0.9093    -0.2794    -0.5440    0.9906    -0.7510    -0.0089
```

1.5　思　考　练　习

1. MATLAB 包含哪两部分？

2. MATLAB 是由谁首创的？

3. MATLAB 的帮助系统中用来查询已知命令的方法？

4. MATLAB 的帮助系统中用来查询与关键字相关的 M 文件？查阅函数 fft 的详细使用方法。

5. 简述 MATLAB 的主要功能。

6. MATLAB 系统由哪几部分组成？

7. 与其他计算机语言相比较，MATLAB 语言突出的特点是什么？

8. 计算"$s=1-2+3-4+5-\cdots-20$"的值。

9. 例 1-3 中 x 的结果为什么没有和 A、B 一起显示在命令行窗口？在哪里能看到它的值？

第 2 章　MATLAB 基础数学运算

MATLAB 是一个大型运算平台，如同一个大型计算器，参与运算的对象有数据流、信号流及逻辑关系等。要了解这个大型计算器的使用方法并合理使用它，首先要了解一些 MATLAB 的基础知识。

本章学习 MATLAB 的基础，主要内容包括 MATLAB 软件平台上的各种数据类型、运算符、字符串数据的操作、矩阵的基本运算等。

2.1　数 据 类 型

MATLAB 中的数据类型非常丰富，主要包括数值类型、逻辑类型、字符串、函数句柄、结构体和单元数组类型。这 6 种基本的数据类型都是按照数组形式存储和操作的。MATLAB 还提供了两种专门用于高级交叉编程的数据类型，分别是用户自定义的面向对象的用户类和 Java 类。

MATLAB 的数值类型数据是最基本的一类数据，包括整型数据、浮点型数据（实数）和复数型数据。系统给每种数据类型分配不同字节的内存单元，由此决定了数据的表示范围。

1. 整型数据

整型数据是不带小数点的数，又分为有符号整数和无符号整数。MATLAB 中提供了 8 种内置的整型数据，这 8 种类型数据的取值范围和转换函数均不相同，如表 2-1 所示。

表 2-1　MATLAB 整型数据

类　　型	取 值 范 围	转 换 函 数
无符号 8 位整型	$0 \sim 2^8 - 1$	uint8
有符号 8 位整型	$-2^7 \sim 2^7 - 1$	int8
无符号 16 位整型	$0 \sim 2^{16} - 1$	uint16
有符号 16 位整型	$-2^{15} \sim 2^{15} - 1$	int16
无符号 32 位整型	$0 \sim 2^{32} - 1$	uint32
有符号 32 位整型	$-2^{31} \sim 2^{31} - 1$	int32
无符号 64 位整型	$0 \sim 2^{64} - 1$	uint64
有符号 64 位整型	$-2^{63} \sim 2^{63} - 1$	int64

例如，在 MATLAB 命令行窗口依次输入 $x = \text{int8}(129)$ 和 $x = \text{int32}(129)$，结果如下：

```
>>x=int8(129)
x=
   127
>>x=int32(129)
x=
   129
```

有符号 8 位整型数据的最大值是 127，int8 函数转换时只输出最大值。不同的整型数据所占用的位数不同，能够表示的数值范围也不同。在实际应用中，应根据实际需要合理选择合适的整型数据。

由于 MATLAB 中数值的默认存储类型是双精度浮点类型，因此将变量设置为整数类型时，需要使用相应的转换函数，将双精度浮点类型转换为指定的整数类型。在转换过程中，MATLAB 默认将待转换数值转换为与之最为接近的整数值，若小数部分为 0.5，则转换后的结果为与该浮点数最接近的两个整数中绝对值较大的一个。另外，这些转换函数也可以将其他数据类型转换为指定的数据类型。在不超出数值范围的情况下，任意两个整数类型之间也可以通过转换函数进行相互转换。同时，由于不同的整数类型表示的数值范围不同，因此当运算结果超出相应的整数类型能够表示的范围时，就会出现一处错误，运算结果被置为该整数类型能够表示的最大值或最小值。

MATLAB 中还包含了几类不同运算法则的取整函数，也可以把浮点数转换成整数。这些取整函数及相应的转换方式如表 2-2 所示。

表 2-2　MATLAB 的取整函数及转换方式

函　　数	运 算 法 则	示　　例
$\text{ceil}(x)$	向上取整	$\text{ceil}(1.5)=2$；$\text{ceil}(5.2)=6$；$\text{ceil}(-1.5)=-1$
$\text{floor}(x)$	向下取整	$\text{floor}(1.5)=1$；$\text{floor}(5.2)=5$；$\text{floor}(-1.5)=-2$
$\text{fix}(x)$	向 0 取整	$\text{fix}(1.5)=1$；$\text{fix}(5.2)=5$；$\text{fix}(-1.5)=-1$
$\text{round}(x)$	取最接近的整数，如果小数部分是 0.5，则向绝对值大的方向取整	$\text{round}(1.5)=2$；$\text{round}(5.2)=5$；$\text{round}(-1.5)=-2$

2. 浮点型数据

MATLAB 提供了单精度浮点类型数据和双精度浮点类型数据，其存储位宽、各数位的意义、能够表示的数值范围、数值精度、转换函数均不相同。单精度型实数在内存中占用 4 字节，双精度型实数在内存中占用 8 字节，故双精度型的数据精度更高，具体如表 2-3 所示。

表 2 - 3　MATLAB 的浮点数类型

比较项目	单 精 度	双 精 度
存储位宽	32	64
各数位的意义	0～22 位表示小数部分， 23～30 位表示指数部分， 31 位表示符号（0 正 1 负）	0～51 位表示小数部分， 52～62 位表示指数部分， 63 位表示符号（0 正 1 负）
数值范围	－3.402 82e＋038～－1.175 49e－038， 1.175 49e－038～3.402 82e＋038	－1.797 69e＋308～－2.225 07e－308， 2.225 07e－308～1.797 69e＋308
转换函数	single	double

MATLAB 默认的数值类型为双精度浮点类型，可以通过转换函数来创建单精度浮点类型。

双精度浮点数参与运算时，返回值的类型取决于参与运算的其他数据类型。如果参与运算的其他数据为逻辑型、字符型时，则返回结果为双精度浮点型；如果为整数型时，则返回结果为相应的整数类型；如果为单精度浮点型，则返回结果为相应的单精度浮点型。

例如，在命令行窗口输入：

```
>>a＝uint32(120)；b＝single(21.508)；c＝78.566；
>>ab＝a * b
```

错误使用 ＊ 。

整数只能与同类整数或双精度标量值组合使用。例如：

```
>>ac＝a * c
ac＝
9428
>>bc＝b * c
1.6898e＋03
```

注意："whos"命令用于查阅各变量的大小以及类型。例如，在命令行窗口输入如下命令：

```
>> str＝'hello'
str＝
    'hello'
>> newstr＝str － 44.5
newstr＝
  59.5000   56.5000   63.5000   63.5000   66.5000
>> whos
  Name        Size          Bytes        Class      Attributes
  a           1x1           4            uint32
  ac          1x1           4            uint32
  b           1x1           4            single
  c           1x1           8            double
  newstr      1x5           40           double
  str         1x5           10           char
```

3. 复数型数据

复数包括实部和虚部两部分，MATLAB 中默认使用字符 i 或 j 作为虚部标志。创建复数时，可以直接按照复数形式进行输入或者利用 complex 函数。MATLAB 库函数中关于复数的相关函数如表 2-4 所示。

表 2-4　MATLAB 库函数中关于复数的相关函数

函数	说　明	函数	说　明
real(z)	返回复数 z 的实部	angle(z)	返回复数 z 的辐角
imag(z)	返回复数 z 的虚部	conj(z)	返回复数 z 的共轭复数
abs(z)	返回复数 z 的模	complex(a, b)	以 a 为实部、b 为虚部创建复数

程序示例如下：

```
>>a=3；b=4；
>>y=complex(a, b)
y=
3.0000+4.0000i
>>imag(y)
ans=
4
>>conj(y)
ans=
3.0000-4.0000i
```

2.2　运　算　符

MATLAB 中的运算符分为算术运算符、关系运算符和逻辑运算符。

2.2.1　算术运算符

MATLAB 中的算术运算符有加（＋）、减（－）、乘（＊）、左除（/）、右除（\）、幂（＾）等，其优先规则与常见数学表达式中的是一致的。

【例 2-1】 计算表达式 $a=0.3 \times (3+5) - \dfrac{2^3-5}{4}$ 的值。

在命令行窗口输入 $a=0.3 * (3+5) - (2\hat{}3-5)/4$ 后，结果如下：

```
>> a=0.3 * (3+5)-(2^3-5)/4
a=
  1.6500
```

MATLAB 平台上还提供了大量的运算函数，以满足计算需要。其中常用的运算函数如表 2-5 所示。

表 2-5 MATLAB 中常用的运算函数

函数	运算法则	函数	运算法则
$\sin(x)$	x 的正弦函数	$\text{fix}(x)$	向零取整
$\cos(x)$	x 的余弦函数	$\text{round}(x)$	四舍五入取整
$\tan(x)$	x 的正切函数	$\text{ceil}(x)$	向上取整
$\text{asin}(x)$	x 的反正弦函数	$\text{floor}(x)$	向下取整
$\text{acos}(x)$	x 的反余弦函数	$\log(x)$	以 e 为底对 x 取对数
$\text{atan}(x)$	x 的反正切函数	$\log 10(x)$	以 10 为底对 x 取对数
$\text{sqrt}(x)$	x 的平方根	$\log 2(x)$	以 2 为底对 x 取对数
$\text{abs}(x)$	x 的绝对值	$\exp(x)$	以 e 为底的 x 次幂
$\gcd(x, y)$	整数 x 和 y 的最大公因数	$\min(x, y)$	返回 x 与 y 中较小的数值
$\text{mod}(x, y)$	x 与 y 相除取余数	$\max(x, y)$	返回 x 与 y 中较大的数值

【例 2-2】 计算表达式 $s = \dfrac{a}{4} - \ln 5 + 2\sin\dfrac{\pi}{4}$ 的值，其中 $a = \dfrac{|-5.9|}{3} + e^{-2}$。

在命令行窗口输入 $a = \text{abs}(-5.9)/3 + \exp(-2)$，$s = a/4 - \log(5) + 2 * \sin(\text{pi}/4)$ 后，结果如下：

```
>> a=abs(-5.9)/3+exp(-2),s=a/4-log(5)+2*sin(pi/4)
a=
    2.1020
s=
    0.3303
```

2.2.2 关系运算符

关系运算符可以用来对两个数值、两个数组、两个矩阵或两个字符串等数据类型进行比较，同样也可以进行不同类型数据之间的比较。比较的方式根据所比较的两个数据类型的不同而不同。例如，对矩阵和一个标量进行比较时，需将矩阵中的每个元素与标量进行比较。

MATLAB 提供了 6 种关系运算符，其运算法则如表 2-6 所示。

表 2-6 MATLAB 中的关系运算符

关系运算符	关系说明	关系运算符	关系说明
$>$	大于	$>=$	大于等于
$<$	小于	$<=$	小于等于
$==$	等于	$\sim=$	不等于

关系运算符通过比较对应的元素，产生一个仅包含 1 和 0 的数值或矩阵。其元素代表的意义为：若返回值为 1，则比较结果是真；若返回值为 0，则比较结果是假。例如：

```
>> A=1:9, B=10-A
A=
    1    2    3    4    5    6    7    8    9
B=
    9    8    7    6    5    4    3    2    1
>> C=A==B
C=
  1×9 logical 数组
   0   0   0   0   1   0   0   0   0
```

2.2.3　逻辑运算符

MATLAB 提供了 3 种逻辑运算符：&（与）、|（或）和～（非）。逻辑运算的运算法则如下：

（1）在逻辑运算中，非零元素为真，用 1 表示；零元素为假，用 0 表示。

（2）若参与逻辑运算的是两个标量 a 和 b，那么，当 a、b 全为非零时，$a\&b$ 的运算结果为 1，否则为 0；a、b 中只要有一个为非零，$a|b$ 的运算结果为 1；当 a 为零时，～a 的运算结果为 1；当 a 为非零时，～a 的运算结果为 0。

（3）若参与逻辑运算的是两个同型矩阵，那么运算将对矩阵相同位置上的元素按标量规则逐个进行。最终运算结果是一个与原矩阵同型的矩阵，其元素由 1 或 0 组成。

（4）若参与逻辑运算的一个是标量，另一个是矩阵，那么运算将在标量与矩阵中的每个元素之间按标量规则逐个进行。最终运算结果是一个与矩阵同型的矩阵，其元素由 1 或 0 组成。

例如：

```
>> A=[4, 23, -15, 8, 0; 0, 5, 6, 0, -145]
A=
    4    23    -15     8      0
    0     5      6     0   -145
>> B=[0, 88, 5, 2, 0; 5, 0, 3, -65, -0]
B=
    0    88     5     2      0
    5     0     3   -65      0
>> A&B
ans=
  2×5 logical 数组
   0   1   1   1   0
   0   0   1   0   0
>> A|B
ans=
  2×5 logical 数组
   1   1   1   1   0
   1   1   1   1   1
```

```
>> ~A
ans=
  2×5 logical 数组
  0   0   0   0   1
  1   0   0   1   0
```

此外，MATLAB 还提供了一些关系运算与逻辑运算函数，如表 2-7 所示。

表 2-7　关系运算与逻辑运算函数

函数名	含　　义
all	若向量的所有元素非零，则结果为 1
any	向量中任何一个元素非零，结果为 1
find	找出向量或矩阵中非零元素的位置
exist	检查变量在工作空间中是否存在，若存在，则结果为 1，否则为 0
isglobal	若被查变量是全局变量，则结果为 1
isinf	若元素是±inf，则结果矩阵相应位置上的元素取 1，否则取 0
isempty	若被查变量是空矩阵，则结果为 1
isnan	若元素是 nan，则结果矩阵相应位置上的元素取 1，否则取 0
isstr	若变量是字符串，则结果矩阵相应位置上的元素取 1，否则取 0
xor	若两矩阵对应元素同为 0 或非 0，则结果矩阵相应位置上的元素取 0，否则取 1

注意：算术运算符、关系运算符和逻辑运算符这三种运算符可以分别使用，也可以在同一运算式中出现。当在同一运算式中同时出现两种或两种以上运算符时，运算的优先级排列如下：算术运算符优先级最高，其次是关系运算符，最低级别是逻辑运算符。

2.3　字符串处理

字符型数据在计算中虽然不强调，但在实际应用中大量存在，例如统计一篇英文文章中不同英文字母出现的次数、按姓名排序以及做 GUI 设计等。字符串数据由若干字符组成，这些字符可以是计算机系统中允许使用的任何字符。

2.3.1　字符串的表示

字符串的构造可以通过直接给变量赋值来实现，具体表达式中字符串的内容需要写在单引号内。如果字符串的内容包含单引号，那么以两个重复的单引号来表示。例如：

```
>> a='我爱 MATLAB!'
a=
  '我爱 MATLAB!'
>> b='His name is ' Zhang Sann' '
b=
  'His name is 'Zhang San' '
```

MATLAB 将字符串当作一个行向量，每个元素对应一个字符，其标识方法和数值向量相同，也可以建立多行字符串矩阵。例如：

```
>>b=['abc','123';'def','456']
b=
   2×6 char 数组
     'abc123'
     'def456'
```

这里要求各行字符长度相等，可用空格来调节各行字符的长度，使它们彼此相等。

2.3.2　字符串的操作

1. 字符串的执行

与字符串有关的一个重要函数是 eval 函数，它的作用是把字符串的内容作为对应的 MATLAB 命令来执行，其调用格式为

$$eval(x)$$

其中，x 为字符串。例如：

```
>> t=pi;
>> m='[t,sin(t),cos(t),tan(t)]'
m=
    '[t,sin(t),cos(t),tan(t)]'
>> y=eval(m)
y=
    3.1416    0.0000    -1.0000    -0.0000
```

2. 字符串与数值之间的转换

字符串是以 ASCII 码形式存储的，abs 和 double 函数都可以用来获取字符串矩阵所对应的 ASCII 码数值矩阵。相反，char 函数可以把 ASCII 码矩阵转换成字符串矩阵。例如：

```
>> a='University'
a=
    'University'
>> b=abs(a)
b=
    85   110   105   118   101   114   115   105   116   121
>> c=char(b)
c=
    'University'
```

MATLAB 还有许多用于字符串和数值之间转换的函数。例如，setstr 函数将 ASCII 码值转换为对应的字符；str2num 函数或 str2double 函数将字符串转换成数值；num2str 函数将数值转换成字符串；int2str 函数将整数转换成字符串。

3. 字符串的连接

在 MATLAB 中，要将两个字符串连接在一起，有两种常用方法：一是用字符串向量，二是用 strcat 函数。用字符串向量可以将若干字符串连接起来，即用中括号将若干字符串括起来，从而得到一个更长的字符串。例如：

```
>> a=50;
>> b=(a - 32)/1.8;
>> c=['Room temperatures is ', num2str(b), 'degrees']
c=
    'Room temperatures is 10 degrees'
```

用 strcat 函数可以将若干字符串连接起来。例如：

```
>> strcat('I', ' Love', 'MATLAB')
ans=
    'I Love MATLAB'
```

4. 字符串的比较

字符串的比较一般有两种方法，利用关系运算符比较或字符串比较函数比较。当两个字符串拥有相同长度时，可以利用关系运算符对字符串进行比较，比较的规则是按 ASCII 码值大小逐个字符进行比较，比较的结果是一个数值向量，其元素是对应字符比较的结果。例如：

```
>> 'beijing' >= 'nanjing'
ans=
  1×7 logical 数组
   0  1  0  1  1  1  1
>> 'beijing' < 'nanjing'
ans=
  1×7 logical 数组
   1  0  1  0  0  0  0
```

字符串比较函数用于判断字符串是否相等，有 4 种比较方式，函数如下：

（1）strcmp(a, b)：用于比较字符串 a 和 b 是否相等，如果相等，返回 1，否则返回 0。

（2）strncmp(a, b, n)：用于比较前 n 个字符是否相等，如果相等，返回 1，否则返回 0。

（3）strcmpi(a, b)：在忽略字母大小写的前提下，比较字符串 a 和 b 是否相等，如果相等，返回 1，否则返回 0。

（4）strncmpi(a, b, n)：在忽略字符串大小写的前提下，比较前 n 个字符是否相等，如果相等，返回 1，否则返回 0。

例如：

```
>>a='ABCdef123'; b='abcDEf456';
>>strcmp(a, b)
ans=
0
>>strncmp(a, b, 6)
ans=
0
>>strcmpi(a, b)
ans=
0
>>strncmpi(a, b, 6)
ans=
1
```

5. 字符串的查找与替换

MATLAB 提供了许多函数，用来对字符串中的字符进行查找与替换，常用的有以下两个：

（1）findstr(a, b)：返回短字符串在长字符串中的位置。例如：

```
>> y=findstr('This is adog!', 's')
y=
    4    7
```

（2）strrep(a, b, c)：将字符串 a 中的所有子字符串 b 替换为字符串 c。例如：

```
>>   y=strrep('This is adog!', 'dog', 'cat')
y=
    'This is a cat!'
```

2.4　数组的运算

数组的运算是 MATLAB 计算的基础内容。本节将系统地列出具备数组运算能力的函数名称，为兼顾一般性，以二维数组的运算为例，读者可推广至多维数组和多维矩阵的运算。

2.4.1　数组的创建和操作

在 MATLAB 中，一般使用英文输入法状态下的符号空数组"[]"行向量","和列向量";"来创建数组。例如，如下创建了空数组、行向量和列向量：

```
>> A=[]
A=
    []
```

```
>>B=[1，2，3，4，5]
B=
    1    2    3    4    5
>>C=[1；2；3；4；5]
C=
    1
    2
    3
    4
    5
```

还可以对数组进行访问。例如：

```
>> A=[1 2 3 4 5]
A=
    1    2    3    4    5
>> a1=A(1)
a1=
    1
>> a2=A(1：3)
a2=
    1    2    3
```

在 MATLAB 中还可以通过其他各种方式创建数组，具体如下所述。

1. 通过冒号创建一维数组

在 MATLAB 中，可以通过冒号创建一维数组，其代码格式如下：

$$X = a：\text{step}：b$$

其中，a 是创建一维数组的第一个变量，step 是每次递增的数值，直到最后一个元素和 b 的差的绝对值小于等于 step 的绝对值为止，当 step 缺省时，其值为 1。例如：

```
>> A=3：8
A=
    3    4    5    6    7    8
>> B=3：1.5：8
B=
    3.0000    4.5000    6.0000    7.5000
>> C=3：-1.5：-8
C=
    3.0000    1.5000         0   -1.5000   -3.0000   -4.5000   -6.0000   -7.5000
```

2. 通过 logspace 函数创建一维数组

MATLAB 常用 logspace() 函数创建一维数组，该函数的调用方式如下：

（1）$y=$logspace$(a，b)$：该函数创建行向量 y，第一个元素为 10^a，最后一个元素为 10^b，形成总数为 50 个元素的等比数列。

（2）$y=$logspace$(a，b，n)$：该函数创建行向量 y，第一个元素为 10^a，最后一个元素为 10^b，形成总数为 n 个元素的等比数列。

例如：

```
>> y=logspace(1，2)
y=
    列 1 至 9
    10.0000    10.4811    10.9854    11.5140    12.0679    12.6486    13.2571    13.8950    14.5635
    列 10 至 18
    15.2642    15.9986    16.7683    17.5751    18.4207    19.3070    20.2359    21.2095    22.2300
...
>> y=logspace(1，2，8)
y=
    10.0000    13.8950    19.3070    26.8270    37.2759    51.7947    71.9686    100.0000
```

3. 通过 linspace 函数创建一维数组

MATLAB 常用 linspace() 函数创建一维数组，该函数的调用方式如下：

（1）$y=$linspace$(a，b)$：该函数创建行向量 y，第一个元素为 a，最后一个元素为 b，形成总数为 100 个元素的线性间隔向量。

（2）$y=$linspace$(a，b，n)$：该函数创建行向量 y，第一个元素为 a，最后一个元素为 b，形成总数为 n 个元素的线性间隔向量。

例如：

```
>> y=linspace(1，50)
y=
    列 1 至 10
     1.0000     1.4949     1.9899     2.4848     2.9798     3.4747     3.9697     4.4646     4.9596     5.4545
    列 11 至 20
     5.9495     6.4444     6.9394     7.4343     7.9293     8.4242     8.9192     9.4141     9.9091    10.4040
...
>> y=linspace(1，50，8)
y=
     1     8    15    22    29    36    43    50
```

2.4.2　数组的运算

1. 数组的算术运算

数组的运算是从数组的单个元素出发，针对每个元素进行运算。在 MATLAB 中，一维数组的基本运算包括加、减、乘、左除、右除和乘方。

数组的加减运算：通过格式 $A+B$ 或 $A-B$ 可实现数组的加减运算。运算规则要求数组 A 和 B 的维数相同，或者是一个常数加减一个数组。例如：

```
>> A=[1, 3, 5, 7, 9]; B=[2, 4, 6, 8, 10]; C=[11, 12, 13];
>> D=A + B
D=
    3    7    11    15    19
>> E=A - B
E=
   -1   -1   -1   -1   -1
>> F=A +5
F=
    6    8    10    12    14
>> G=A + C
对于此运算，数组的大小不兼容
```

数组的乘除运算：通过格式".∗""./""\."可实现数组的乘除运算。运算规则要求数组 A 和 B 的维数相同，运算结果是与 A 和 B 维数相同的数组。

右除和左除的关系：$A./B=B.\A$，其中 A 是被除数，B 是除数。例如：

```
>> A=[1, 3, 5, 7, 9]; B=[2, 4, 6, 8, 10]; C=[11, 12, 13];
>> D=A. ∗ B
D=
    2    12    30    56    90
>> E=A. /B
E=
    0.5000    0.7500    0.8333    0.8750    0.9000
>> F=A. \B
F=
    2.0000    1.3333    1.2000    1.1429    1.1111
>> G=A. ∗ C
对于此运算，数组的大小不兼容。
```

数组的乘方运算：通过格式".^"可以实现数组的乘方运算。数组的乘方运算包括数组间的乘方运算、数组与常数的乘方运算以及常数与数组的乘方运算。例如：

```
>>A=[1, 3, 5, 7, 9]; B=[2, 4, 6, 8, 10]; C=[11, 12, 13];
>> C=A.^ B
C=
    1.0e+09 ∗
    0.0000    0.0000    0.0000    0.0058    3.4868
>> D=A.^ 3
```

```
D=
    1    27    125    343    729
>> E=3.^A
E=
       3          27         243        2187        19683
```

2. 数组的关系运算

在 MATLAB 中提供了 6 种数组关系运算符，即＜(小于)、＜＝(小于等于)、＞(大于)、＞＝(大于等于)、＝＝(恒等于)和～＝(不等于)。关系运算的运算法则如下：

(1) 当两个比较量是标量(单个数字)时，直接比较两个数的大小。若关系成立，返回的结果为 1，否则为 0。

(2) 当两个比较量是维数相同的数组时，逐一比较两个数组相同位置的元素，并给出比较结果。最终的关系运算结果是一个与参与比较的数组维数相同的数组，其组成元素为 0 或 1。当两个比较量是维数不同的数组时，则直接返回错误。

(3) 标量也可以与数组进行关系运算，即单个标量分别依次与数组中的元素进行比较。

例如：

```
>> A=[1, 3, 5, 7, 9]; B=[2, 4, 6, 8, 10];
>> C=A < 5
C=
  1×5 logical 数组
   1   1   0   0   0
>> D=B>=5
D=
  1×5 logical 数组
   0   0   1   1   1
>> E=A==B
E=
  1×5 logical 数组
   0   0   0   0   0
```

3. 数组的逻辑运算

MATLAB 中提供了 3 种数组逻辑运算符，即 &(与)、|(或)和～(非)。逻辑运算的运算法则如下：

(1) 如果是非零元素则为真，用 1 表示；反之是零元素则为假，用 0 表示。

(2) 与运算相同($a\&b$)时，a、b 全为非零，运算结果为 1；或运算($a|b$)时，只要 a、b 有一个为非零，运算结果为 1；非运算($\sim a$)时，若 a 为 0，运算结果为 1，a 相同为非零，运算结果为 0。

(3) 当两个维数相同的数组进行逻辑运算时，逐一运算两个数组相同位置的元素，并给出运算结果。最终的关系运算结果是一个与参与比较的数组维数相同的数组，其组成元素为 0 或 1。当两个维数不同的数组进行逻辑运算时，直接返回错误。

例如：

```
>>A=[1, 3, 5, 7, 9]; B=[2, 4, 6, 8, 10];
>> C=A&B
C=
    1×5 logical 数组
    1   1   1   1   1
>> D=A|B
D=
    1×5 logical 数组
    1   1   1   1   1
>> E=~A
E=
    1×5 logical 数组
    0   0   0   0   0
```

2.5 矩 阵 运 算

矩阵是 MATLAB 最基本的数据对象，MATLAB 的大部分运算或命令都是在矩阵运算的意义下执行的。在 MATLAB 中，不需要对矩阵的维数、大小和类型进行说明，MATLAB 会根据用户所输入的内容自动进行配置。

2.5.1 矩阵的建立

1. 直接输入法建立矩阵

最简单的建立矩阵的方法是直接输入矩阵的元素。具体方法是：将矩阵的元素用方括号括起来，按矩阵行的顺序输入各元素，同一行的各元素之间用空格或逗号分隔，不同行之间的元素用分号分隔。例如：

```
>> A=[1, 2, 3; 4, 5, 6; 7, 8, 9]
A=
    1   2   3
    4   5   6
    7   8   9
```

这样在 MATLAB 的工作空间中就建立了一个矩阵 A，在以后的操作中就可以使用它了。MATLAB 还提供了对复数的操作与管理功能。在 MATLAB 中，虚数单位用 i 和 j 表示。例如：

```
>> a=exp(2);
>> B=[1, 2+i*a, a*sqrt(a); sin(pi/4), a/5, 4.5 + 5i]
B=
    1.0e+02 *
    0.0100 + 0.0000i   7.4091 + 0.0000i   0.2009 + 0.0000i
    0.0071 + 0.0000i   0.0148 + 0.0000i   0.0450 + 0.0500i
```

复数矩阵还可以采用另一种输入方式。例如：

```
>> A=[1, 3, 5; 7, 9, 11];
>> I=[2, 4, 6; 8, 10, 12];
>> AI=A + I * i
AI=
    1.0000 + 2.0000i    3.0000 + 4.0000i    5.0000 + 6.0000i
    7.0000 + 8.0000i    9.0000 +10.0000i   11.0000 +12.0000i
```

注意：这里 i 表示复数标记，$I*i$ 表示一个复矩阵。

2. 利用冒号表达式建立一个向量

在 MATLAB 中，冒号表达式是一个重要的表达式，利用它可以产生行向量。冒号表达式的一般格式是：

$$a:n:b$$

其中，a 为初始值，n 为步长，b 为终止值。冒号表达式可以产生一个由 a 开始到 b 结束、以步长 n 自增的行向量。例如：

```
>> t=0: 1.5: 10
t=
        0    1.5000    3.0000    4.5000    6.0000    7.5000    9.0000
```

若在冒号表达式中省略 n，则步长默认为 1。例如，$t=0:5$ 与 $t=0:1:5$ 等价。

3. 利用已建好的矩阵建立更大的矩阵

在 MATLAB 中，大矩阵可以由已建好的矩阵拼接而成。例如：

```
>> A=[1, 2; 3, 4; 5, 6]; B=[7, 8; 9, 10; 11, 12];
>> C=[A, B, A; A, A, B]
C=
    1    2    7    8    1    2
    3    4    9   10    3    4
    5    6   11   12    5    6
    1    2    1    2    7    8
    3    4    3    4    9   10
    5    6    5    6   11   12
```

2.5.2　矩阵的拆分

1. 矩阵元素的引用方式

在 MATLAB 中，矩阵元素可以通过"（,）"来引用，如 $A(3, 2)$ 表示 A 矩阵第 3 行第 2 列的元素。通常情况下，是对矩阵的单个元素进行赋值或其他操作。例如，如果想将 A 矩阵的第 2 行第 3 列元素赋值为 100，则可以使用下面的语句来完成：

```
A(2, 3)=100
```

这时将只改变该元素的值，而不影响矩阵中其他元素的值。如果给出的行下标或列下标大于原来矩阵的行数和列数，则 MATLAB 将自动扩展原来的矩阵，并将扩展后未赋值的矩阵元素置为 0。例如：

```
>> A=[1, 3, 5; 7, 9, 11];
>> A(5, 5)=100
A=
    1    3    5    0    0
    7    9   11    0    0
    0    0    0    0    0
    0    0    0    0    0
    0    0    0    0  100
```

在 MATLAB 中，也可以采用矩阵元素的序号（Index）来引用矩阵元素。矩阵元素的序号就是相应元素在内存中的排列顺序。在 MATLAB 中，矩阵元素按列存储，先第 1 列，再第 2 列，依此类推。例如：

```
>>A=[1, 3, 5; 7, 9, 11];
>>A(2)
ans=
7
```

显然，序号与下标是一一对应的，以 $m \times n$ 矩阵 A 为例，矩阵元素 $A(i, j)$ 的序号为 $(j-1) \times m + i$。其相互转换关系也可以利用 sub2ind 和 ind2sub 函数求得。例如：

```
>>A=[1, 3, 5; 7, 9, 11];
>>sub2ind(size(A), 1, 2)
ans=
3
>>[i, j]=ind2sub(size(A), 3)
i=
1
j=
2
```

其中，size(A) 函数返回包含两个元素的向量，分别是 A 矩阵的行数和列数。有关求矩阵大小的函数还有两个：

(1) length(A)：给出行数和列数中的较大者，即 length(A)=max(size(A))。

(2) ndims(A)：给出 A 的维数。

2. 利用冒号表达式获得子矩阵

子矩阵是指由矩阵中的一部分元素构成的矩阵。若用冒号表达式作为引用矩阵时的下标，这时就可以获得一个子矩阵。也可以直接用单个冒号来作为行下标或列下标，它代表全部行或全部列。

例如，$A(i, j)$ 表示 A 矩阵第 i 行、第 j 列的元素，$A(i, :)$ 表示 A 矩阵第 i 行的全部元素，$A(:, j)$ 表示 A 矩阵第 j 列的全部元素。同样，$A(i:i+m, k:k+m)$ 表示 A 矩阵第

$i \sim i + m$ 行内且在第 $k \sim k + m$ 列中的所有元素，$A(i : i + m , :)$ 表示 A 矩阵第 $i \sim i + m$ 行的全部元素，$A(: , k : k + m)$ 表示 A 矩阵第 $k \sim k + m$ 列的全部元素。例如：

```
>> A=[1, 3, 5, 7, 9; 2, 4, 6, 8, 10; 11, 12, 13, 14, 15]
A=
     1     3     5     7     9
     2     4     6     8    10
    11    12    13    14    15
>> A(2, :)
ans=
     2     4     6     8    10
>> A(:, 1:2)
ans=
     1     3
     2     4
    11    12
>> A(2:3, 1:2:4)
ans=
     2     6
    11    13
```

$A(:)$ 将矩阵 A 每一列的元素堆叠起来，称为一个列向量，而这也是 *MATLAB* 变量的内部存储方式。例如：

```
>> A=[1, 3, 5, 7, 9; 2, 4, 6, 8, 10]
A =
     1     3     5     7     9
     2     4     6     8    10
>> B=A(:)′
B=
     1     2     3     4     5     6     7     8     9    10
```

在这里，$A(:)$ 产生了一个 10×1 的矩阵，右上标符号"′"表示对矩阵进行转置，则 B 为 1×10 矩阵。

此外，还可以利用一般向量和 end 运算符来表示矩阵下标，从而获得子矩阵。end 表示某一维的末尾元素下标。例如：

```
>> A=[1, 3, 5, 7, 9; 2, 4, 6, 8, 10; 11, 12, 13, 14, 15]
A=
     1     3     5     7     9
     2     4     6     8    10
    11    12    13    14    15
>> B=A(end, :)
B=
    11    12    13    14    15
```

```
>> C=A([1, 3], 2: end)
C=
     3     5     7     9
    12    13    14    15
```

3. 利用空矩阵删除矩阵的元素

在 MATLAB 中，定义[]为空矩阵。给变量 X 赋空矩阵的语句为 $X=[]$，将某些元素从矩阵中删除，采用将其置为空的矩阵的方法就是一种有效的方法。例如：

```
A=[1, 3, 5, 7, 9; 2, 4, 6, 8, 10; 11, 12, 13, 14, 15];
>> A(:, [2, 4])=[]
A=
     1     5     9
     2     6    10
    11    13    15
```

4. 改变矩阵的形状

reshape(A, m, n)函数在矩阵总元素保持不变的前提下，将矩阵 A 重新排成 $m \times n$ 的二维矩阵。例如：

```
>> x=[1, 2, 3, 4, 5, 6, 7, 8, 9, 10]
x=
     1     2     3     4     5     6     7     8     9    10
>> y=reshape(x, 5, 2)
y=
     1     6
     2     7
     3     8
     4     9
     5    10
```

2.5.3 矩阵分析

矩阵分析是 MATLAB 的重要功能，利用 MATLAB 提供的函数，可以很方便地完成各种矩阵分析，包括矩阵转置、求逆、矩阵的范数和条件数等。

1. 矩阵的转置

矩阵转置就是将目标矩阵的第 m 行第 n 列的元素，转换到新矩阵的第 n 行第 m 列的位置，大小不做改变。转置运算符是小数点后接单引号(.')。如果是共轭转置，小数点可以不写，一个单引号即可；如果矩阵为全实数矩阵，转置与共轭转置结果是一样的。例如：

```
>> A=[1, 2; 3, 4], B=[1, 1+i; 2, 2+i];
>> C1=A.'
C1=
     1     3
     2     4
```

```
>> C2=A'
C2=
     1     3
     2     4
>> C3=B.'
C3=
   1.0000 + 0.0000i   2.0000 + 0.0000i
   1.0000 + 1.0000i   2.0000 + 1.0000i
>> C4=B'
C4=
   1.0000 + 0.0000i   2.0000 + 0.0000i
   1.0000 - 1.0000i   2.0000 - 1.0000i
```

2. 矩阵的逆

对于 n 阶方阵 A，如果存在 $AB=BA=I$（单位矩阵），则称 B 是 A 的逆矩阵。在 MATLAB 中，使用 inv 函数求逆矩阵。例如：

```
>> A=[1 2；3 4]
A=
     1     2
     3     4
>> inv(A)
ans=
    -2.0000     1.0000
     1.5000    -0.5000
```

注意：如果矩阵 A 不是方阵，可以找到一个伪逆矩阵 B，或者广义逆矩阵，在 MATLAB 中，使用 pinv 函数可以求伪逆矩阵。

3. 方阵的行列式

方阵 A 所对应的行列式的值，可以使用 det 函数进行计算。例如：

```
>> A=[1 -2 4；-5 2 0；1 0 3]
A=
     1    -2     4
    -5     2     0
     1     0     3
>> det(A)
ans=
   -32
```

4. 特征值和特征向量

方阵 A 的特征值和特征向量，可以使用函数 eig 进行求解，其调用格式较多，常用的有如下两种：

(1) $E = \text{eig}(A)$。

(2) $[V, D] = \text{eig}(A)$。

上述两种形式中，E 是指返回矩阵 A 的特征值，V 的每一列向量对应于特征值的特征向量，$A * V = V * D$。其中，D 是以特征值为元素组成的对角矩阵。

```
>>A=[1, 1, 0.5; 1, 1, 0.25; 0.5, 0.25, 2];
>> [V, D]=eig(A)
V =
      0.7212      0.4443      0.5315
     -0.6863      0.5621      0.4615
     -0.0937     -0.6976      0.7103
D=
     -0.0166           0           0
           0      1.4801           0
           0           0      2.5365
```

5. 矩阵的秩和迹

矩阵中与线性无关的行数与列数称为矩阵的秩，在 MATLAB 中，求秩的函数为 rank。

矩阵的对角元素之和称为矩阵的迹，也等于矩阵的特征值之和，在 MATLAB 中，求迹的函数为 trace。例如：

```
>> A=[1, 1, 0.5; 1, 1, 0.25, 2];
>> s=rank(A)
s=
    3
>> trace(A)
ans=
    4
```

2.5.4　特殊矩阵

特殊矩阵分为通用特殊矩阵和专用特殊矩阵两种。常见的通用特殊矩阵有零矩阵、幺矩阵(全 1 矩阵)、单位矩阵和随机矩阵等。专用特殊矩阵一般在数学、信号处理等专用领域使用，如魔方矩阵、范德蒙(Vandermonde)矩阵、希尔伯特(Hilbert)矩阵等。

1. 通用特殊矩阵

常用产生通用特殊矩阵的函数有：

(1) zeros：产生全 0 矩阵(零矩阵)。

(2) ones：产生全 1 矩阵(幺矩阵)。

(3) eye：产生单位矩阵。

(4) rand：产生(0，1)区间均匀分布的随机矩阵。

(5) randn：产生均值为 0、方差为 1 的标准正态分布的随机矩阵。

这几个函数的调用格式相似，以 zeros 函数为例进行说明，其调用格式如下：

（1）zeros(m)：产生 $m \times m$ 的零矩阵。

（2）zeros(m，n)：产生 $m \times n$ 的零矩阵。

2. 专用特殊矩阵

1）魔方矩阵

魔方矩阵又称为幻方，其每行、每列和两条对角线上的元素之和都相等。对于 n 阶魔方阵，其元素由 1，2，3，…，n^2 共 n^2 个整数组成。MATLAB 提供了求魔方矩阵的函数 magic(n)，其功能是生成一个 n 阶魔方阵。例如：

```
>> A=magic(5)
A=
    17   24    1    8   15
    23    5    7   14   16
     4    6   13   20   22
    10   12   19   21    3
    11   18   25    2    9
```

2）范德蒙矩阵

范德蒙（Vandermonde）矩阵是一种各列为几何级数的矩阵，其中最后一列全为 1，倒数第 2 列为一个指定的向量，其他各列是其后一列与倒数第 2 列对应元素的乘积。可以用一个指定向量生成一个范德蒙矩阵。在 MATLAB 中，函数 vander(x)可以生成以向量 x 为基础向量的范德蒙矩阵。例如：

```
>> A=vander([1;2;3;4])
ans=
     1    1    1    1
     8    4    2    1
    27    9    3    1
    64   16    4    1
```

3）希尔伯特矩阵

希尔伯特（Hilbert）矩阵是一种数学变换矩阵，它的每个元素为 $h_{ij}=1/(i+j-1)$。该矩阵正定，且高度病态（即任何一个元素发生一点变动，整个矩阵的行列式的值和逆矩阵都会发生巨大的变化），病态程度和阶数相关。在 MATLAB 中，生成希尔伯特矩阵的函数是 hilb(n)。例如：

```
>> A=hilb(4)
ans=
    A=
    1.0000    0.5000    0.3333    0.2500
    0.5000    0.3333    0.2500    0.2000
    0.3333    0.2500    0.2000    0.1667
    0.2500    0.2000    0.1667    0.1429
```

2.6　思　考　练　习

1. 下面命令执行后的输出结果是？

    　　≫ans＝10；

    　　≫8；

    　　≫ans＋30

2. 将 3 阶魔方矩阵主对角线元素加 10，命令是什么？

3. 产生和 **A** 同样大小的单位矩阵的命令是什么？

4. 将矩阵对角线元素加 10 的命令是什么？

5. 在一个 MATLAB 命令中，6＋7i 和 6＋7 ∗ i 有何区别？

6. 要产生均值为 3、方差为 1 的 500 个正态分布的随机序列，写出相应的表达式。

第 3 章　MATLAB 程序控制

程序是用计算机能够理解并且能够执行的语言来描述的解决问题的方法和步骤。程序设计主要是反映计算机分析问题、解决问题的全过程。MATLAB 是一种数学计算语言，具有传统高级语言的特征。为用户提供丰富的程序结构语言，以实现用户对程序流程的控制。用户可以将有关 MATLAB 命令编成程序存储在一个 MATLAB 文件中，然后运行该程序文件，系统就会自动依次执行该文件中的命令，直至全部命令执行完毕。

本章介绍了 M 文件的概念与操作、3 种程序控制结构的 MATLAB 实现方法、函数的定义与调用方法和程序调试的方法等基本内容。

3.1　M 文 件

在第 1 章和第 2 章介绍了在命令行窗口的命令提示符下输入命令，当用户需要运行的命令较多或反复运行多条命令时，如继续采用上述方式，则会显得非常麻烦。其实，MATLAB 还允许将多条指令写入到一个 M 文件中，由系统进行解释和运行。

用 MATLAB 语言编写的程序，后缀扩展名为 .m，习惯上称为 M 文件。M 文件是由 MATLAB 命令组合在一起构成的命令或文本集合，它可以完成某些操作（加减乘除等复杂运算），也可以实现某种算法（粒子群算法、最小二乘法等）。根据调用方式的不同可将 M 文件分为三类：脚本文件（命令文件，Script）、函数文件和实时脚本（LiveScript）文件。

3.1.1　脚本文件

脚本文件是一系列命令的集合，没有输入参数，也不返回输出参数。脚本文件可以直接运行，在 MATLAB 命令行窗口输入脚本文件的名字，就会顺序执行文件中的命令。

MATLAB 提供有专门的 M 文件编辑器，有两种方式打开 M 文件编辑器：

（1）在主页中点击【新建脚本】，如图 3 - 1(a)直接新建脚本文件；或者点击【新建】，然后选择【脚本】，如图 3 - 1(b)间接新建脚本文件。

(a) 直接新建脚本文件　　　　　　　　　　(b) 间接新建脚本文件

图 3 - 1　新建脚本文件

（2）在命令行输入 edit，回车后则可直接进入如图 3－2 所示的 M 文件编辑器界面。

图 3－2　M 文件编辑器界面

【例 3－1】　建立脚本文件，对圆的面积 s 进行计算：

$$s = \pi r^2$$

解　新建一个 M 脚本文件，输入以下内容，并将该文件命名为 my_3_1_1.m 存盘：

```
clear
r＝input("请输入圆的半径 r＝");
s＝pi * r * r
```

在命令行窗口中输入 my_3_1_1，输入半径 r 的值为 3，程序将会执行该文件并得到执行结果：

```
≫ my_3_1_1
请输入圆的半径 r＝3
s＝
  28.2743
```

3.1.2　函数文件

函数文件的标志是第一行必须以英文 function 开始。一般来说，函数文件是为了实现某种特定功能而编写的命令的集合。

函数文件在应用时与脚本文件的主要区别如下：

（1）函数文件必须以 function 开始，一般带有输入参量和返回值。

（2）函数文件中的变量不会保留在工作区。

（3）函数文件不可以直接运行，必须以调用函数的方式运行。

【例 3－2】　针对例 3－1，采用函数文件进行设计。

解　在主页中点击【新建】，选择【函数】，建立函数文件 my_3_1_2.m，文件内容如下：

```
function s＝my_3_1_2 (r)
s＝pi＊r＊r;
end
```

在 MATLAB 的命令行窗口调用该函数文件，命令执行后得到执行结果。

```
>> clear
>> r=3;
>> s＝my_3_1_2(r)
s＝
   28.2743
```

上述内容只是函数文件所必须具备的基本内容，在实际编写和应用中，为了增加函数文件的可读性，以及方便使用 lookfor 或 help 命令进行函数查找，一个完整的函数文件结构如图 3-3 所示。

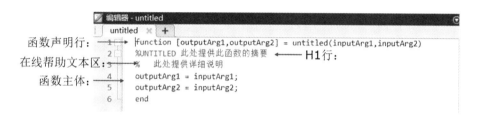

图 3-3　函数文件结构

函数声明行：位于函数文件的首行，定义函数名及函数的输入/输出变量。

H1 行：紧随函数声明行之后以％开头的第一注释行，主要是运用关键词简要的描述函数功能，该行将提供 lookfor 命令作为关键词查询和 help 在线帮助的使用。

在线帮助文本区：H1 行之后的连续以％开头的注释行，主要是介绍函数输入/输出参量的含义或调用说明。

函数主体：是实现函数功能的命令的集合以及需要的程序流程控制等内容。

3.1.3　实时脚本文件

实时脚本文件将文档与程序合二为一，本质就是在原有 M 文件上加了文本功能和控件等交互式图标，相应的实时编辑器提供一种全新方式来创建、编辑和运行 MATLAB 程序。实时脚本文件的扩展名为.mlx，它除了有基本的程序代码，还包括格式化文本、方程式、超链接和图像等，运行代码时能实时显示输出结果。其创建过程如下：

（1）在主页中点击【新建】，然后选择【实时脚本函数】，弹出【实时编辑器】。【实时编辑器】界面分为左右两个部分，左半部分是文本区与代码区；右半部分是代码运行结果显示区，如图 3-4 所示。

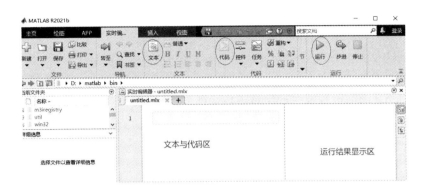

图 3-4　【实时编辑器】界面

（2）点击标题栏中的【文本】，光标进入文本区。在文本区可以输入文本、公式等非 M 代码部分；点击标题栏中的【代码】，光标进入代码区。在代码区可以输入对应的 MATLAB 命令。

（3）点击标题栏中的【运行】，系统运行输入的 MATLAB 代码，在窗口的右半部分代码运行结果区显示程序运行结果。

图 3-5 为设计的实时脚本文件运行结果。

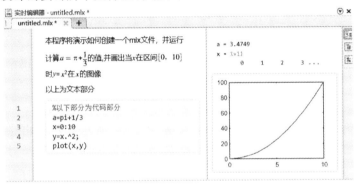

图 3-5　实时脚本文件示例

注意：与脚本文件和函数文件不同的是，点击标题栏中的【导出】选项，实时脚本文件还可以将 mlx 文件转换输出为 pdf 等文本格式，用于分享和发布。

3.2　程 序 结 构

进行 MATLAB 程序设计，就是编写 M 文件。所谓执行程序，就是按特定的次序执行文件中的语句。程序中执行点的变迁称为控制流程，当执行程序中的某一条语句时，也说控制转到了该语句。

利用程序结构中的顺序结构、选择结构和循环结构，以及各自的流控制机制，合理搭配，相互配合，就能解决各种复杂问题。

3.2.1　顺序结构

顺序结构是指按照程序中语句的排列顺序依次执行的结构。这是最简单的一种程序结构，一般涉及数据的输入、数据的计算或处理、数据的输出等内容。

【例 3-3】　已知某直角三角形的直角边 a 和 b 的值分别是 3 和 4，求以该三角形斜边为直径的圆的面积 S。

解　编写脚本文件如下，命名为 my_3_2_1.m：

```
>>a=3; b=4;
>> r=0.5 * sqrt(a^2+b^2);
>> S=pi * r * r;
>>disp(['圆的面积 S=', num2str(S);])
```

点击标题栏中的【运行】按钮，或者在命令行窗口直接输入脚本文件名，其结果如下：

```
>> my_3_2_1
圆的面积 S=19.635
```

3.2.2　选择结构

选择结构也叫条件结构，根据给定的条件成立或不成立，分别执行不同的语句。MATLAB 用于实现选择结构的最常见的语句有 if 语句和 switch-case 语句。

1. if 语句

1) 单分支 if-end 语句

格式：

```
    if expression
        statements
    end
```

当条件 expression 成立时，执行语句组 statements，执行完之后继续执行 if-end 语句的后继语句；若条件不成立，则直接执行 if-end 语句的后继语句。

2) 双分支 if-else-end 语句

格式：

```
    if expression
        statements 1
    else
        statements 2
    end
```

当条件 expression 成立时，执行语句组 statements 1；否则执行语句组 statements 2。语句组 statements 1 或语句组 statements 2 执行后，再执行 if-else-end 语句的后继语句。

注意：可以利用 if-else-end 语句构造复杂的嵌套条件语句，即在 else 后面添加 if-else-end 语句，构成 elseif 结构。

【例 3-4】　利用 if 语句实现函数 $y = \begin{cases} e^{\sqrt{1-x}} & (|x| \leqslant 1) \\ \sin(x^2 - 1) & (|x| > 1) \end{cases}$ 的求值。

解　建立函数文件，命名为 my_3_2_2.m：

```
function y＝my_3_2_2(x)
if abs(x)<＝1
    y＝exp(sqrt(1－x));
else
    y＝sin(x^2－1);
end
```

当然，也可以采用单分支 if 语句来写：

```
function y＝my_3_2_2(x)
y＝sin(x^2－1);
if abs(x)<＝1
    y＝exp(sqrt(1－x));
end
```

在命令行窗口调用该函数，当 $x＝0.5$ 和 2 时，y 的值分别如下：

```
>>my_3_2_2(0.5)
ans＝
    2.0281
>> my_3_2_2(2)
ans＝
    0.1411
```

2．switch-case 语句

switch-case 语句根据表达式的取值不同，分别执行不同的语句。

格式：

```
switch expression (scalar or string)
    case value1
        statements 1
    case value2
        statements 2
    …
    otherwise
        statements n
    end
```

该语句将 expression 的值依次和各个 value 值进行比较，条件符合的，就执行对应的语句，然后就跳出该 switch 语句；如果与所有 value 值都不符合，则执行 otherwise 后对应的语句，然后跳出 switch 语句。

注意：expression 可以是一个标量或一个字符串；case 子句后面的值不仅可以为一个标量或一个字符串，还可以为一个单元矩阵。如果 case 子句后面的值为一个单元矩阵，则当表达式的值等于该单元矩阵中的某个元素时，执行相应的语句组。

【例 3 - 5】 输入一个百分制的学生成绩，要求输出对应的成绩等级，如 90～100 分为"优秀"，80～89 分为"良好"，70～79 分为"合格"，60～69 分为"及格"，60 分以下为"不及格"。

解 建立脚本文件，命名为 my_3_2_3.m：

```
    input('请输入学生成绩：');
switch fix(x/10)
    case {9 10}
        disp('你输入的成绩等级为：优秀')
    case 8
        disp('你输入的成绩等级为：良好')
    case 7
        disp('你输入的成绩等级为：合格')
    case 6
        disp('你输入的成绩等级为：及格')
    otherwise
        disp('你输入的成绩等级为：不及格')
    end
```

在命令行窗口输入该文件名，当输入成绩分别为 100、85、65 和 30 时，其结果如下：

```
>> my_3_2_3
请输入学生成绩：100
你输入的成绩等级为：优秀
>> my_3_2_3
请输入学生成绩：85
你输入的成绩等级为：良好
>> my_3_2_3
请输入学生成绩：65
你输入的成绩等级为：及格
>> my_3_2_3
请输入学生成绩：30
你输入的成绩等级为：不及格
```

3.2.3　循环结构

循环结构一般用于有规律的重复计算，或者按照给定条件重复执行指定语句的程序结构。MATLAB 提供了两种实现循环结构的语句：for 语句和 while 语句。

1. for 语句

for 语句用于完成指定（固定）次数的循环。

格式：

```
    for index=initVal：step：endVal
        statements
    end
```

index 是一个冒号表达式，将产生一个行向量，3 个表达式分别代表初值、步长和终值。当步长为 1 时，step 可以省略。

【例 3-6】　已知 $y=1+\dfrac{1}{3}+\dfrac{1}{5}+\cdots+\dfrac{1}{2n-1}$，当 $n=50$ 时，求 y 的值。

解　编写脚本文件如下，命名为 my_3_2_4.m：

```
n=50;
y=0;
for i=1：2：2*n-1
    y=y+1/i;
end
disp(['y 的值为：', num2str(y)])
```

点击标题栏中的【运行】按钮，或者在命令行窗口输入脚本文件名，其结果如下：

```
>> my_3_2_4
y 的值为：2.9378
```

2. while 语句

while 语句用于完成不定次数的循环。

格式：

  while expression

    statements

  end

expression 是一个条件表达式，当它为逻辑真时，重复执行 statements 语句，否则，只执行一次 statements 语句便跳出该循环体。

【例 3 - 7】　设银行存款年利率为 3.1%，如果存入 5 万元，多长时间会连本带利翻一番？

解　编写脚本文件如下，命名为 my_3_2_5. m：

```
x(1)=5；r=3.1/100;
k=1;
while x(k)<=10
    x(k+1)=x(k)*(1+r);
    k=k+1;
    end
disp(['经计算，经过', num2str(k), '年，资金可以翻一番'])
```

点击标题栏中的【运行】按钮，或者在命令行窗口直接输入脚本文件名，其结果如下：

```
>> my_3_2_5
经计算，经过 24 年，资金可以翻一番
```

3.3　程序的流程控制

在编程解决实际问题时，可能需要提前终止 for 语句、while 语句，显示必要的出错或警告信息，显示批处理文件的执行过程等。实现这些特殊要求，就需要用到本节所讲的程序流程控制命令，如 break、continue、return、pause、echo、waring、error 等。

3.3.1　break 命令

break 命令是程序跳出命令，用来跳出 for 或 while 语句的循环结构，一般和 if 语句配合使用。在 for 或 while 语句中，有时并不需要运行到最后一次循环，用户就能得到所需要的结果，那么后面的循环就变得冗余，会消耗运算时间并占用内存。break 命令可以不必等待循环的预定结束时刻，而是根据循环内部设置的终止项来判断。若满足终止项，则可以使用 break 命令退出循环；若没有满足，则循环正常运行至预定的结束时刻。在多层循环的嵌套中，该命令只终止最内层的循环。

某程序段如下，命名为 my_3_3_1.m：

```
s=1;
for i=1:100
    i=s+i;
    if i>50
        disp('i 的值已大于 50，跳出 for 语句')
        break
    end
end
i
```

点击标题栏中的【运行】按钮，或者在命令行窗口直接输入脚本文件名，其结果如下：

```
>> my_3_3_1
i 的值已大于 50，跳出 for 语句
i=
    51
```

3.3.2　continue 命令

continue 命令的主要作用是跳过循环体中的某些语句。当在循环体内执行到该语句时，程序将跳过循环体中所有剩余的语句，继续下一次循环。

【例 3-8】　要求任意输入一个正整数 n，求 $n-1$ 的阶乘。

解　编写脚本文件如下，命名为 my_3_3_2.m：

```
n=input('请输入一个整数 n：');
s=1;
for i=1:n
    if i==n
        continue
    end
    s=s*i;
end
disp('(n-1)! =')
disp(s)
```

点击标题栏中的【运行】按钮，输入数字 6 后，其结果如下：

```
>> my_3_3_2
请输入一个整数 n：6
(n-1)! =
    120
```

3.3.3 return 命令

return 命令的主要作用是使正在运行的函数正常结束并返回到命令行窗口或返回到调用它的函数位置。在条件块（如 if 或 switch）或循环控制语句（如 for 或 while）后使用 return 时需要小心，当 MATLAB 到达 return 语句时，它不仅会退出循环，还会退出脚本文件或函数，并将控制权交还给调用程序或命令提示符。

编写脚本文件如下，命名为 my_3_3_3. m：

```
a=input('请输入一个数字 a：');
if a>=0
    if a==1
        disp('输入的数字是 1')
        return
        disp('用来显示 return 后的语句是否执行')
    else
        disp('输入的数字不是 1')
    end
else
    disp('输入的是一个负数，本程序直接返回')
end
```

点击标题栏中的【运行】按钮，分别输入不同的数字，其结果如下：

```
>> my_3_3_3
请输入一个数字 a：-4
输入的是一个负数，本程序直接返回
>> my_3_3_3
请输入一个数字 a：1
输入的数字是 1
>> my_3_3_3
请输入一个数字 a：10
输入的数字不是 1
```

continue、break、reture 命令的主要区别如下：

continue 命令：用于循环控制，当不想执行循环体的全部语句，只想在做完某一步后直接返回时，后面的语句将被跳过。比如，满足某种性质的数字有很多个，但要求只找出第一个数字程序就退出，这时要优先考虑使用 continue 命令。在嵌套循环中使用 continue，只跳过所在层的循环里的 continue 之后的语句。

break 命令：用在 for 或 while 循环中，结束本层循环，继续执行循环之后的下一条语句。在嵌套语句中使用 break 语句，只跳出所在层的循环。

return 命令：终止当前命令的继续执行，将控制权交给调用函数或命令行窗口（即键盘）。

3.3.4　pause 命令

pause 命令的主要作用使程序暂停，根据设定来选择何时继续进行。

格式：

```
pause              %暂停执行 M 文件，按下任意键后继续执行
pause(n)           %暂停执行 M 文件，n 秒后恢复执行
pause(state)       %启用、禁止或显示当前暂停设置
```

state 只有两个选项，一个为 on，另一个是 off。pause('on')表示允许其后的暂停命令起作用；pause('off')表示不允许其后的暂停命令起作用。

某程序段如下所示，请读者自行运行该程序，体会其用法。

```
x=0：0.05：6；
y=x.^2；
z=-x.^2；
r=3*x+5；
plot(x，y)
pause
plot(x，z)
pause(10)
plot(x，r)
```

3.3.5　echo 命令

echo 命令可以实现在函数文件或脚本文件执行期间显示系统执行的语句的功能。通常，程序或函数中的语句在执行期间不会显示，但在程序调试和演示过程中，有时需要显示某些语句的运行，此时，就要使用 echo 命令。

格式：

```
echo on            %对所有 M 文件中的语句启用回显
echo off           %对所有 M 文件中的语句禁用回显
echo               %在上述两个命令中进行切换
```

例如，在运行脚本文件 my_3_3_3.m 时，在命令行窗口输入 echo on 后，结果如下：

```
>> echo on
>> my_3_3_3
a=input('请输入一个数字 a：')；
请输入一个数字 a：4
if a>=0
  if a==1
  else
    disp('输入的数字不是 1')
```

```
输入的数字不是 1
    end
end
```

3.3.6 warning 命令

warning 命令的主要作用是用于在程序运行时给出必要的警告信息。在实际编程过程中，因为一些人为因素或其他不可预知的因素，可能会使某些数据输入有误，如果编程者在编程时能够考虑到这些因素，并设置相应的警告信息，就可以大大降低因数据输入有误而导致程序运行失败的可能性。其常用的调用格式有两种：

$$warning('message')$$
$$warning('message', a_1, a_2, \cdots)$$

message 是需要显示的文本信息，也可以包含转义字符，且每个转义字符的值将被转化为 a_1，a_2，…的值。

【例 3 - 9】 编制一个能计算以 5 为底的对数，要求当输入参数不符合对数计算规则时，给出必要的警告信息。

解 编写函数文件如下，命名为 my_3_3_4.m：

```
function y=log_5(x)
%该函数用于求以 5 为底数的 x 的对数
s1='负数';
if x<0
    y='x 的输入有误，无法计算结果';
    error('x 的值不能为%s!', s1)
    return;
elseif x==0
    y='x 的输入有误，无法计算结果';
    error('x 的值不能为 0!')
    return;
else
    y=log(x)\log(5);
end
```

调用该函数，分别输入不同的数字，其结果如下：

```
>> my_3_3_4(-4)
错误使用 my_3_3_4 (第 6 行)
x 的值不能为负数!
>> my_3_3_4(0)
错误使用 my_3_3_4 (第 10 行)
x 的值不能为 0!
>> my_3_3_4(2)
ans=
    2.3219
```

3.3.7　error 命令

error 命令用于显示错误信息,同时返回键盘控制。该命令用法与 warning 命令相似,读者可将 my_3_3_4 中的 warning 替换成 error,体会其用法。

error 与 warning、disp 命令都可以显示文本信息,三者在使用中的区别如下:

(1) warning 可以使用在程序的任何位置,但不影响程序的正常运行。

(2) error 可以使用在程序的任何位置,执行后立即终止程序运行。

(3) warning 显示的文本信息为橘黄色,且有声音提示;error 显示的文本信息为红色,有声音提示;disp 显示的文本信息为黑色,无声音提示。

3.4　程序调试与优化

程序调试(Debug)是程序设计的重要环节,是编程人员必须掌握的基本技能。MATLAB 提供了相应的程序调试功能,既可以通过 MATLAB 编辑器对程序进行调试,又可以在命令行窗口结合具体的命令进行程序调试。

程序设计的思路是多种多样的,针对同样的问题可以设计出不同的程序,而不同的程序执行效率会有很大的差别,特别是数据规模很大时,这种差别尤为明显。所以,在程序设计的过程中充分利用 MATLAB 的特点,借助性能分析工具,分析程序的执行效率,并对程序进行优化,从而达到提高程序性能的目的。

3.4.1　程序调试

一般来说,应用程序的错误有两类:一类是语法错误,另一类是运行错误。MATLAB 能够检查出大部分的语法错误,给出相应的错误信息,并标出错误在程序中的行号;程序运行错误指程序的运行结果有错误。MATLAB 系统对逻辑的错误是无能为力的,不会给出任何提示信息,这时可以通过一些调试方法来发现程序中的逻辑错误。

1. 利用调试函数进行程序调试

MATLAB 提供了一系列的程序调试函数,用于程序执行过程中的断点操作、执行控制等。在 MATLAB 命令行窗口输入以下命令将输出调试函数及其用途简介。

```
>>help debug
```

常用的调试函数有:

(1) dbstop:在程序的适当位置设置断点,使得系统在断点前停止执行,用户可以检查各个变量的值,从而判断程序的执行情况,帮助发现错误。

(2) dbclear:清除用 dbstop 函数设置的断点。

(3) dbcont:从断点处恢复程序的执行,直到遇到程序的其他断点或错误为止。

(4) dbsten:执行一行或多行语句,执行完后返回调试模式,如果在执行过程中遇到断点,程序将中止。

(5) dbquit：退出调试模式并返回到基本工作区，所有断点仍有效。

2. 利用调试工具进行程序调试

在 MATLAB 编辑器中新建一个 M 文件或打开一个 M 文件时，【编辑器】选项卡提供了【断点】命令组，通过对 M 文件设置断点可以使程序运行到某一行暂停运行，这时可以查看和修改工作区中的变量。单击【断点】命令按钮，弹出下拉菜单，菜单中有 6 个命令，分别用于清除所有断点、设置/清除断点、启用/禁用断点、设置或修改条件断点（条件断点可以使程序执行到满足一定条件时停止）、出现错误时停止（不包括 try…catch 语句中的错误）、出现警告时停止等。

在 M 文件中设置断点并运行程序，程序即进入调试模式，并运行到第一个断点处，此时【编辑器】选项卡上出现【调试】命令组，如图 3-6 所示（在第 8 行设置断点），命令行窗口的相应提示符变成 K≫。进入调试模式后，最好将编辑器窗口锁定，即停靠到 MATLAB 主窗口上，便于观察代码运行中变量的变化。要退出调试模式，则在【调试】命令组中单击【停止】按钮。

图 3-6　设置断点后的调试界面

控制单步运行的命令有 4 个。在程序运行之前，有些命令按钮未激活。只有在程序中设置了断点，且程序停止在第一个断点处时这些命令按钮才被激活，这些命令按钮功能如下：

（1）步进：单步运行。每单击一次，程序运行一条语句，但不进入函数。

（2）步入：单步运行。遇到函数时进入函数内，仍单步运行。

（3）步出：停止单步运行。如果是在函数中，跳出函数；如果不在函数中，直接运行到下一个断点处。

3.4.2 程序优化

程序优化是指在解决问题时，把一般程序整理成占用内存量少、处理速度最快、外部设备分时使用效率最高的最优程序。

MATLAB 是解释型语言，计算速度较慢，所以在程序设计时如何提高程序的运行速度是需要重点考虑的问题。优化程序运行可采用以下方法。

1. 采用向量化运算

在实际 MATLAB 程序设计中，为了提高程序的执行速度，常用向量或矩阵运算来代替循环操作。例如：

```
n=100;
m=1：2：2*n−1;
%采用循环方式计算 m 倒数和
yFor=0;
for i=1：1：length(m)
    yFor=yFor+1/m(i);
end
%采用向量化计算 m 倒数和
yVec=sum(1./m);
```

2. 预分配内存空间

通过在循环之前预分配向量或数组的内存空间可以提高 for 循环的处理速度。

例如，下面的代码用函数 zeros 预分配 for 循环中用到的向量 *a* 的内存空间，使 for 循环的运行速度显著加快。

程序 1：

```
a=0;
for n=2：1000
    a(n)=a(n−1)+10;
end
```

程序 2：

```
clear
a=zeros(1，1000);
for n=2：1000
    a(n)=a(n−1)+10;
nd
```

程序 2 采用了预定义矩阵的方法，运行时间比程序 1 要短。

3. 减小运算强度

在实现有关运算时，尽量采用运算量更小的算式，从而提高运算速度。一般来说，乘法比乘方运算快，加法比乘法运算快。

例如：

```
clear；
a＝rand(32)；%生成一个32×32矩阵
x＝a.^3；
y＝a.*a.*a；
```

3.5　思 考 练 习

1. 请编写一个英寸与厘米换算的函数文件并运行。

2. 请用 if 语句实现如下函数表达式的计算：

$$y = \begin{cases} e^{-2\pi x} & (x > 0) \\ \sin x & (x \leqslant 0) \end{cases}$$

3. 请采用 switch 语句编写程序，实现当 x 分别取 0，1，2，3 时，程序分别输出"你选择条件 0""你选择条件 1""你选择条件 2"…，并且当选取的 x 为其他值时，输出"对不起，你选择的条件不在考虑范围之内"。

4. 请采用 for 循环实现 2～100 之间的所有素数输出，并计算输出的素数之和。

5. 请分别采样 for 循环和向量化编程方式实现下式计算：

$$y = \sum_{k=1}^{3} \frac{1}{2k-1} \sin(2\pi k t)$$

6. 请编写 2 个函数，分别用公式法和 for 循环实现等差数列求和，并采用探查器 (profiler) 分析编写的 2 个函数耗时。

7. 请编写 2 个函数，分别用公式法和 for 循环实现等比数列求和，并采用 tic 函数和 toc 函数记录 2 个函数耗时。

第 4 章 数 据 可 视 化

不管是数值计算还是符号计算，无论计算多么完善，结果多么准确，人们还是难以直接从大量的数据中感受它们的具体含义和内在规律。人们更喜欢通过图形直观感受科学计算结果的全局意义和内在本质。除可靠的科学计算功能之外，MATLAB 还具有非常强大的图形表达功能，它既可以绘制二维图形，又可以绘制三维图形，还可以通过标注、视点、颜色、光照等操作对图形进行修饰。

MATLAB 有两类绘图命令：一类是直接对图形句柄进行操作的低层绘图命令；另一类是在低层命令的基础上建立起来的高层绘图函数。高层绘图命令简单明了、方便高效。利用高层绘图函数，用户不需要过多考虑绘图细节，只需给出一些基本参数就能得到所需图形。

本章介绍了二维曲线与其他二维图形的绘制方法、三维曲线与其他三维图形的绘制方法、各种图形控制与修饰的方法以及 MATLAB 交互式绘图工具。

4.1 二维图形的绘制

二维数据曲线图是将平面坐标上的数据点连接起来的平面图形。可以采用不同的坐标系来绘制二维数据曲线图。除直角坐标系外，还可以采用对数坐标和极坐标。数据点可以用向量或矩阵形式给出，数据类型可以是实数型或复数型。本节介绍直角坐标系下的二维数据曲线图。

4.1.1 绘制单根二维曲线

在 MATLAB 中，绘制直角坐标系下的二维曲线可以利用 plot 函数。这是最基本且应用最广泛的绘图函数。plot 函数的基本调用格式如下：

$$plot(x, y)$$

其中，x 和 y 为长度相同的向量，分别用于存储 x 坐标和 y 坐标数据。

plot 函数用于绘制分别以 x 坐标和 y 坐标为横、纵坐标的二维曲线。x 和 y 所包含的元素个数相等，$y(i)$ 是 $x(i)$ 点的函数值。

【例 4 - 1】 在 $0 \leqslant x \leqslant 2\pi$ 区间内，绘制曲线 $y = x^2 \cos(4\pi x)$。

解 程序如下：

```
x＝0：pi/100：2 * pi;
y＝x.^2.* cos(4 * pi * x);
figure
plot(x, y, 'k –', 'LineWidth', 1.5)
xlim([min(x), max(x)]);
xlabel('x');
ylabel('y');
```

绘制结果如图 4-1 所示。

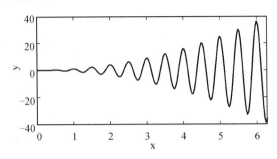

图 4-1　二维曲线

【例 4-2】　绘制曲线：

$$\begin{cases} x = t\cos3t \\ y = t\cos t^2 \end{cases}$$

解　这是以参数方程的形式给出的二维曲线，只要给定参数向量，再分别求出 **x**、**y** 向量即可绘出曲线。程序如下：

```
t=0：pi/100：2 * pi;
x=t. * cos(3 * t);
y=t. * cos(t). ^ 2;
figure
plot(x，y，'k-'，'LineWidth'，1.5)
xlabel('x');
ylabel('y');
```

绘制结果如图 4-2 所示。

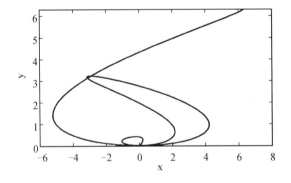

图 4-2　以参数方程形式绘制的二维曲线

此外，plot 函数最简单的调用格式是只包含一个输入参数 **x**，调用格式为 plot(**x**)，在这种情况下，当 **x** 是实数向量时，以该向量元素的下标为横坐标、以元素值为纵坐标画出一条连续曲线，这实际上是绘制折线图；当 **x** 是复数向量时，则分别以向量元素的实部和虚部为横、纵坐标绘制一条曲线。

【例 4 - 3】   以例 4 - 1 为例，采用 plot(x)格式绘制图形。

解   程序如下：

```
x＝0：pi/100：2 * pi;
y＝x. ^ 2. * cos(4 * pi * x);
figure
plot(y, 'k -', 'LineWidth', 1.5)
xlim([0, length(y)])
xlabel('数据点');
ylabel('y');
```

绘制结果如图 4 - 3 所示。

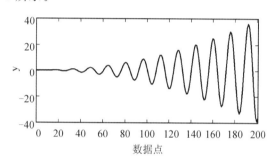

图 4 - 3   采用 plot(x)格式绘制的图形结果

4.1.2   绘制多根二维曲线

1. 参数是矩阵的 plot 函数

当 plot 函数的输入参数是向量时，绘制的曲线是单根曲线，这是最基本的用法。在实际应用中，plot 函数的输入参数可以是矩阵形式，这时将在同一坐标中以不同颜色绘制出多根曲线。

（1）当 x 是向量，y 矩阵的其中一维与 x 保持相同长度时，则绘制出多根不同颜色的曲线。曲线条数等于 y 矩阵的另一维大小，x 被作为这些曲线共同的横坐标。

例如，在同一坐标中同时绘制 3 个同心圆。程序如下：

```
x＝linspace(- pi, pi, 100);
y＝[exp(x * i); 2 * exp(x * i); 3 * exp(x * i)]';
figure
plot(y, 'LineWidth', 1.5);
xlim([min(x), max(x)]);
xlabel('x');
ylabel('y');
legend('Line 1', 'Line 2', 'Line 3')
```

绘制结果如图 4 - 4 所示。

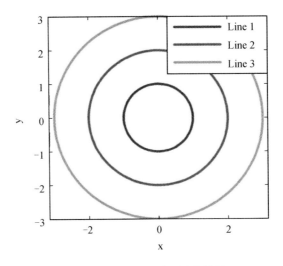

图 4 - 4 绘制 3 个同心圆的结果

（2）当 *x*、*y* 是同型矩阵时，则以 *x*、*y* 对应列元素为横、纵坐标分别绘制曲线，曲线条数等于矩阵的列数。

例如：

```
x1＝linspace(0, pi, 100);
x2＝linspace(2 * pi, 3 * pi, 100);
x3＝linspace(4 * pi, 5 * pi, 100);
x＝[x1; x2; x3]′;
y＝[tan(x1); tan(x2); tan(x3)]′;
figure
plot(x, y, ′LineWidth′, 1.5);
xlabel(′x′);
ylabel(′y′);
legend(′Line 1′, ′Line 2′, ′Line 3′)
```

绘制结果如图 4 - 5 所示。

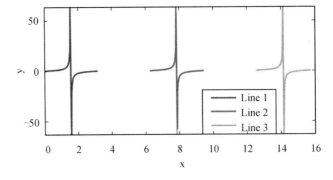

图 4 - 5 *x* 与 *y* 矩阵维数相同时绘制的曲线结果

（3）对只包含一个输入参数的 plot 函数，当输入参数是实数矩阵时，按列绘制每列元素值构成的曲线，曲线条数等于输入参数矩阵的列数；当输入参数是复数矩阵时，按列分别以元素的实部和虚部为横、纵坐标绘制多条曲线。

2. 含多个输入参数的 plot 函数

plot 函数可以包含若干向量对，每一向量对可以绘制一条曲线。含多个输入参数的 plot 函数的调用格式如下：

$$plot(\boldsymbol{x}_1, \boldsymbol{y}_1, \boldsymbol{x}_2, \boldsymbol{y}_2, \cdots, \boldsymbol{x}_n, \boldsymbol{y}_n)$$

（1）当输入参数都为向量时，$\boldsymbol{x}_1$ 和 $\boldsymbol{y}_1$，$\boldsymbol{x}_2$ 和 $\boldsymbol{y}_2$，$\cdots$，$\boldsymbol{x}_n$ 和 $\boldsymbol{y}_n$ 分别组成一组向量对，每一向量对的长度可以不同。每一向量对可以绘制出一条曲线，这样可以在同一坐标内绘制出多条曲线。

例如，在同一坐标中同时绘制出 3 条正弦曲线，程序如下：

```
>>x1=linspace(0, 2 * pi, 100);
>>x2=linspace(0, 3 * pi, 100);
>>x3=linspace(0, 4 * pi, 100);
>>plot(x1, sin(x1), x2, 1+sin(x2), x3, 2+sin(x3))
```

绘制结果这里不再展示。

（2）当输入参数为矩阵形式时，配对的 $\boldsymbol{x}$、$\boldsymbol{y}$ 按对应列元素为横、纵坐标分别绘制曲线，曲线条数等于矩阵的列数。例如：

```
>>xl=linspace(0, 2 * pi, 100);
>>x2=linspace(0, 3 * pi, 100);
>>x3=linspace(0, 4 * pi, 100);
>>y1=sin(x1);
>>y2=1+sin(x2);
>>y3=2+sin(x3);
>>x=[xl; x2; x3]';
>>y=[y1; y2; y3]';
>>plot(x, y, x1, y1-1)
```

绘制结果此处不再展示。

3. 具有两个纵坐标标度的图形

具有两个纵坐标标度的图形有利于图形数据的对比分析。在 MATLAB 中，如果需要绘制这种图形，可以使用 plotyy 函数，其常用的调用格式如下：

$$plotyy(\boldsymbol{x}_1, \boldsymbol{y}_1, \boldsymbol{x}_2, \boldsymbol{y}_2)$$

其中，$\boldsymbol{x}_1$、$\boldsymbol{y}_1$ 对应一条曲线，$\boldsymbol{x}_2$、$\boldsymbol{y}_2$ 对应另一条曲线。横坐标的标度相同，纵坐标有两个，左纵坐标用于 $\boldsymbol{x}_1$、$\boldsymbol{y}_1$ 数据对，右纵坐标用于 $\boldsymbol{x}_2$、$\boldsymbol{y}_2$ 数据对。

【例 4 - 4】 采用两个坐标标度的形式绘制正弦曲线和余弦曲线。

解 程序如下：

```
x＝0：2 * pi/100：2 * pi;
ysin＝sin(x);
ycos＝cos(x);
figure
[hAx, hsin, hcos]＝plotyy(x, ysin, x, ycos);
xlim([min(x), max(x)]);
hsin. LineStyle＝'__';
hcos. LineStyle＝':';
hsin. Color＝'k';
hcos. Color＝'k';
ylabel(hAx(1), 'ysin');
ylabel(hAx(2), 'ycos');
xlabel('x')
```

绘制结果如图 4 - 6 所示。

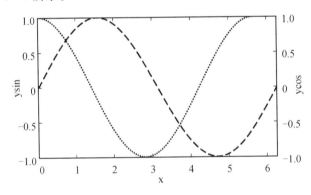

图 4 - 6　两个坐标标度的绘图结果

4.1.3　设置曲线样式

　　MATLAB 提供了一些绘图选项，用于确定所绘曲线的线型、颜色和数据点标记符号。这些选项分别如表 4 - 1 至表 4 - 3 所示，它们可以组合使用。例如，"b-."表示蓝色点画线，"y：d"表示黄色虚线并用菱形符标记数据点。当选项省略时，线型一律用实线，自动循环使用当前坐标轴的 ColorOrder 属性指定的颜色，无数据点标记符号。

表 4 - 1　线 型 选 项

选项	线　型	选项	线　型
—	实线（默认值）	-.	点画线
:	虚线	--	双画线

表 4 - 2 颜 色 选 项

选项	颜 色	选项	颜 色
b(blue)	蓝色	m(magenta)	品红色
g(green)	绿色	y(yellow)	黄色
r(red)	红色	k(black)	黑色
c(cyan)	青色	w(white)	白色

表 4 - 3 标记符号选项

选项	标记符号	选项	标记符号
.	点	p	五角星符
O	圆圈	h	六角星符
X	叉号	s	方块符
+	加号	d	菱形符
*	星号		

要设置曲线样式可以在 plot 函数中加绘图选项,其调用格式如下:

$$plot(\boldsymbol{x}_1, \boldsymbol{y}_1, 选项1, \boldsymbol{x}_2, \boldsymbol{y}_2, 选项2, \cdots, \boldsymbol{x}_n, \boldsymbol{y}_n, 选项n)$$

【例 4 - 5】 在同一坐标内,分别用不同线型和颜色绘制如下两条曲线,并标记两条曲线的交叉点。

$$\begin{cases} y_1 = 0.2\cos(-0.5*x)*\sin(4\pi x) \\ y_2 = 2\cos(-0.5*x)*\sin(\pi x) \end{cases}$$

解 程序如下:

```
x=linspace(0, 2 * pi, 1000);
y1=0.2 * cos(-0.5 * x). * sin(4 * pi * x);
y2=2 * cos(-0.5 * x). * sin(pi * x);
k=find(abs(y1-y2)<1e-3);
x1=x(k);
y3=0.2 * exp(-0.5 * x1). * cos(4 * pi * x1);
figure
plot(x, y1, 'k--', x, y2, 'k:', x1, y3, 'rp', 'LineWidth', 1.5);
xlim([min(x), max(x)]);
ylim([-1.5, 2])
xlabel('x');
ylabel('y');
legend('y1', 'y2', '交叉点')
```

程序运行结果如图 4-7 所示。

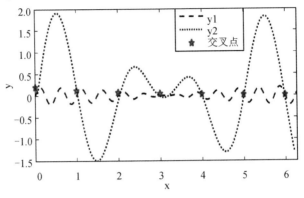

图 4-7　用不同线型和颜色绘制的曲线

4.1.4　图形标注与坐标控制

1. 图形标注

在绘制图形时，可以对图形加一些说明，如图形名称、坐标轴说明以及图形某一部分的含义等，这些操作称为添加图形标注。图形标注使图形意义更加明确，可读性更强。有关图形标注函数的调用格式如下：

(1) title(图形名称)。

(2) xlable(x 轴说明)。

(3) ylable(y 轴说明)。

(4) text(x，y，图形说明)。

(5) legend(图例 1，图例 2，…)。

title 和 xlabel、ylabel 函数分别用于对图形的标题和坐标轴名称进行标注。text 函数是在(x，y)坐标处添加文本说明。添加文本说明也可用 gtext 命令，执行该命令时，十字光标自动跟随鼠标光标移动，单击鼠标即可将文本放置在十字光标处。例如，使用 gtext('cos(x)')语句，可将字符串 cos(x)放置在鼠标指定的位置。legend 函数用于绘制曲线所用线型、颜色或数据点标记图例。图例放置在图形空白处，可以通过鼠标移动图例，将其放到任意位置。上述函数同样适用于三维图形，如 z 坐标轴说明用 zlabel 函数。

上述函数中的说明文字，除使用标准的 ASCII 字符外，还可以使用 LaTeX 格式的控制字符。用 LaTeX 格式的控制字符可以在图形上添加希腊字母、数学符号及公式等内容。在MATLAB 支持的 LaTeX 字符串中，用\bf、\it、\rm 控制字符分别定义黑体、斜体和正体字符。受 LaTeX 字符串控制部分要加{}括起来。

2. 坐标控制

在绘制图形时，MATLAB 可以自动根据要绘制曲线数据的范围选择合适的坐标刻度，使得曲线能够尽可能清晰地显示出来，一般情况下用户不必选择坐标轴的刻度范围。但是，如果用户对坐标刻度不满意，可以利用 axis 函数对其重新设定。axis 函数的调用格式如下：

$$axis([xmin, xmax, ymin, ymax, zmin, zmax])$$

如果只给出前 4 个参数，则 MATLAB 按照给出的 x、y 轴的最小值和最大值选择坐标刻度范围，以便绘制出合适的二维曲线。如果给出全部参数，则系统按照给出的 3 个坐标轴的最小值和最大值选择坐标刻度范围，以便绘制出合适的三维图形。

axis 函数功能丰富，常用的格式还有：

（1）axis equal：纵、横坐标轴采用等长刻度。

（2）axis square：产生正方形坐标系（默认为矩形）。

（3）axis auto：使用默认设置。

（4）axis off：取消坐标轴。

（5）axis on：显示坐标轴。

给坐标加网格线用 grid 命令来控制。grid on/off 命令控制是加还是不加网格线；不带参数的 grid 命令在两种状态之间进行切换。

给坐标加边框线用 box 命令来控制。box on/off 命令控制是加还是不加边框线；不带参数的 box 命令在两种状态之间进行切换。

4.1.5　图形窗口的分割

在实际应用中，经常需要在一个图形窗口内绘制若干独立的图形，这就需要对图形窗口进行分割。分割后的图形窗口由若干绘图区组成，每一个绘图区可以建立独立的坐标系并绘制图形。同一图形窗口中的不同图形称为子图。MATLAB 提供的 subplot 函数用来将当前图形窗口分割成若干绘图区。每个区域代表一个独立的子图，也是一个独立的坐标系，可以通过 subplot 函数激活某一区域。激活的区域为活动区，所发出的绘图命令都作用于活动区域。subplot 函数的调用格式如下：

$$subplot(m, n, p)$$

该函数将当前图形窗口分成 $m \times n$ 个绘图区，即每行 n 个，共 m 行，区号按行优先编号，且选定第 p 个区为当前活动区。在每一个绘图区允许以不同的坐标系单独绘制图形。

4.1.6　其他二维图形的绘制

二维数据曲线图除采用直角坐标系外，还可采用对数坐标或极坐标。除了绘制二维函数曲线外，MATLAB 的二维图形还包括各种二维统计分析图形，这些图形功能在科学研究及工程实践中有广泛的应用。

1. 对函数自适应采样的绘图函数

前面介绍了 plot 函数，基本的操作方法为：先取足够稠密的自变量向量 x，然后计算出函数值向量 y，最后用绘图函数绘图。在取数据点时一般都是等间隔采样，这对绘制高频率变化的函数不够精确。例如，函数 $f(x) = \cos(\tan(\pi x))$，在 $(0, 1)$ 范围内有无限多个振荡周期，函数变化率大。为提高精度，绘制出比较真实的函数曲线，就不能等间隔采样，必须在变化率大的区段密集采样，以充分反映函数的实际变化规律，进而提高图形的真实度。fplot 函数可自适应地对函数进行采样，能更好地反映函数的变化规律，其调用格式如下：

fplot(f, lims, 选项)

其中，f 代表一个函数，以匿名函数形式出现。可以指定多个分量函数，这时要以单元向量表示。lims 为 x 轴的取值范围，取二元向量[xmin, xmax]，默认值为[−5，5]。选项定义与 plot 函数相同。

例如：

```
>>fplot(@(x)sin(x), [0, 2 * pi], '*');
>>fplot({@(x)sin(x), @(x)cos(x)}, [0, 2 * pi], 'r.');
```

【例 4-6】 分别以 $\cos(3t)$ 和 $\sin(2t)$ 为横纵坐标，采用 fplot 函数绘制图形。

解 程序如下：

```
xt=@(t) cos(3 * t);
yt=@(t) sin(2 * t);
fplot(xt, yt, 'k-', 'LineWidth', 1.5)
xlabel('cos(3t)');
ylabel('sin(2t)')
```

绘制结果如图 4-8 所示。

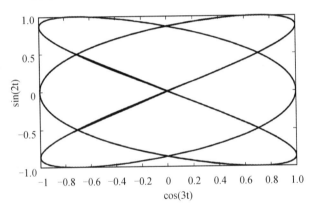

图 4-8　自适应采样绘图

2. 对数坐标图

在工程应用中，经常用到对数坐标，例如控制理论中的 Bode 图就采用对数坐标。MATLAB 提供了绘制对数和半对数坐标曲线的函数，调用格式如下：

semilogx(x_1, y_1, 选项 1, x_2, y_2, 选项 2, …)

semilogy(x_1, y_1, 选项 1, x_2, y_2, 选项 2, …)

loglog(x_1, y_1, 选项 1, x_2, y_2, 选项 2, …)

其中，选项的定义与 plot 函数完全一致，所不同的是坐标轴的选取，semilogy 函数使用半对数坐标，x 轴为常用对数刻度，而 y 轴仍保持线性刻度，loglog 函数使用全对数坐标，x 轴和 y 轴均采用常用对数刻度。

3. 极坐标图

polar 函数用来绘制极坐标图，其调用格式如下：

polar(theta, rho, 选项)

其中，theta 为极坐标角，rho 为极坐标矢径，选项的内容与 plot 函数相似。

【例 4 - 7】　绘制 $r = \sin(2\theta)\cos(2\theta)$ 的极坐标图。

解　程序如下：

```
t=0: pi/100: 2 * pi;
r=sin(2 * t). * cos(2 * t);
figure
polar(t, r, 'k-');
```

运行结果如图 4 - 9 所示。

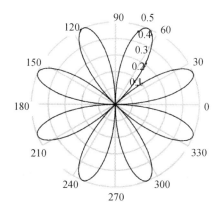

图 4 - 9　极坐标图

4.2　三维图形绘制

三维图形具有更强的数据表现能力，为此，MATLAB 提供了丰富的函数来绘制三维图形。绘制三维图形与绘制二维图形的方法十分类似，很多都是在二维绘图的基础上扩展而来的。

4.2.1　三维曲线

最基本的三维图形函数为 plot3，它是将二维绘图函数 plot 的有关功能扩展到三维空间，用来绘制三维曲线。plot3 函数与 plot 函数用法十分相似，其调用格式如下：

　　plot3($\boldsymbol{x}_1$, $\boldsymbol{y}_1$, $\boldsymbol{z}_1$, 选项 1, $\boldsymbol{x}_2$, $\boldsymbol{y}_2$, $\boldsymbol{z}_2$, 选项 2, …, $\boldsymbol{x}_n$, $\boldsymbol{y}_n$, $\boldsymbol{z}_n$, 选项 n)

其中，每一组 $\boldsymbol{x}_n$、$\boldsymbol{y}_n$、$\boldsymbol{z}_n$（$n=1, 2, 3\cdots$）组成一组曲线的坐标参数，选项的定义和 plot 函数相同。当 $\boldsymbol{x}_n$、$\boldsymbol{y}_n$、$\boldsymbol{z}_n$ 是 $\boldsymbol{x}$、$\boldsymbol{y}$、$\boldsymbol{z}$ 矩阵对应的列元素时，所绘制的三维曲线条数等于矩阵的列数。

【例 4 - 8】　绘制下述三维曲线，其中 t 取值范围为 $[0, 40\pi]$。

$$\begin{cases} x = (3 + \cos(\sqrt{32} \cdot t))\cos t \\ y = \sin(\sqrt{32} \cdot t) \\ z = (3 + \cos(\sqrt{32} \cdot t))\sin t \end{cases}$$

解　程序如下：

```
t＝0：pi/500：40 * pi;
x＝(3 ＋ cos(sqrt(32) * t)). * cos(t);
y＝sin(sqrt(32) * t);
z＝(3 ＋ cos(sqrt(32) * t)). * sin(t);
plot3(x, y, z, 'k－', 'LineWidth', 1)
grid on
axis equal
xlabel('x(t)')
ylabel('y(t)')
zlabel('z(t)')
```

运行结果如图 4－10 所示。

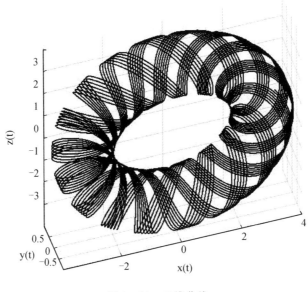

图 4－10　三维曲线

4.2.2　三维曲面

1. 产生三维数据

绘制 $z＝f(x, y)$ 所代表的三维曲面图，先要在 xy 平面上选定一矩形区域，假定矩形区域 $D＝[a, b]×[c, d]$，然后将 $[a, b]$ 在 x 方向分成 m 份，将 $[c, d]$ 在 y 方向分成 n 份，由各划分点分别作平行于两坐标轴的直线，将区域 D 分成 $m×n$ 个小矩形，生成代表每一个小矩形顶点坐标的平面网格坐标矩阵，最后利用有关函数求对应网格坐标的 Z 矩阵。

在 MATLAB 中，利用 meshgrid 函数产生平面区域内的网格坐标矩阵。其格式如下：

　　　　x＝a：d1：b;

　　　　y＝c：d2：d;

　　　　[X Y]＝meshgrid(x, y);

　　语句执行后，矩阵 $\boldsymbol{X}$ 的每一行都是向量 $\boldsymbol{x}$，行数等于向量 $\boldsymbol{y}$ 的元素的个数，矩阵 $\boldsymbol{Y}$ 的每一列都是向量 $\boldsymbol{y}$，列数等于向量 $\boldsymbol{x}$ 的元素的个数，于是 $\boldsymbol{X}$ 和 $\boldsymbol{Y}$ 相同位置上的元素（$X(i,j)$，$Y(i,j)$）恰好是区域 D 的 (i,j) 网格点的坐标。若根据每一个网格点上的 x、y 坐标求函数值 z，则得到函数值矩阵 $\boldsymbol{Z}$。显然，$\boldsymbol{X}$、$\boldsymbol{Y}$、$\boldsymbol{Z}$ 每列或每行所对应的坐标均为一条空间曲线，空间曲线的集合组成空间曲面。当 $x=y$ 时，meshgrid 函数可写成 meshgrid(x)。下面说明网格坐标矩阵的用法。

```
>> x=1：4；y=5：10；
>> [X, Y]=meshgrid(x, y)；
>> X
X=
     1     2     3     4
     1     2     3     4
     1     2     3     4
     1     2     3     4
     1     2     3     4
     1     2     3     4
>> Y
Y=
     5     5     5     5
     6     6     6     6
     7     7     7     7
     8     8     8     8
     9     9     9     9
    10    10    10    10
>> Z=X+Y
Z=
     6     7     8     9
     7     8     9    10
     8     9    10    11
     9    10    11    12
    10    11    12    13
    11    12    13    14
```

　　当函数不能像上述那样简单表示出来时，便只能用 for 循环或 while 循环来计算 $\boldsymbol{Z}$ 的元素。在很多情况下，有可能按行或列计算 $\boldsymbol{Z}$；有时必须一个一个地计算 $\boldsymbol{Z}$ 中的元素，这时需嵌套循环进行计算。

2. 绘制三维曲面的函数

　　MATLAB 提供了 mesh 函数和 surf 函数来绘制三维曲面图。mesh 函数用于绘制三维网格图，在不需要绘制特别精细的三维曲面图时，可以通过三维网格图来表示三维曲面。surf 用于绘制三维曲面图，各线条之间的补面用颜色填充。mesh 函数和 surf 函数的调用格式如下：

mesh($\boldsymbol{x}$，$\boldsymbol{y}$，$\boldsymbol{z}$，$\boldsymbol{c}$)

surf($\boldsymbol{x}$，$\boldsymbol{y}$，$\boldsymbol{z}$，$\boldsymbol{c}$)

一般情况下，$\boldsymbol{x}$、$\boldsymbol{y}$、$\boldsymbol{z}$ 是同型矩阵，$\boldsymbol{x}$、$\boldsymbol{y}$ 是网格坐标矩阵，$\boldsymbol{z}$ 是网格点上的高度矩阵；$\boldsymbol{c}$ 称为色标矩阵，用于指定曲面的颜色。在默认情况下，系统根据 $\boldsymbol{c}$ 中元素大小的比例关系，把色标数据变换成色标矩阵中对应的颜色。$\boldsymbol{c}$ 省略时，MATLAB 认为 $\boldsymbol{c}=\boldsymbol{z}$，亦即颜色的设定正比于图形的高度，这样就可以得出层次分明的三维图形。当 $\boldsymbol{x}$、$\boldsymbol{y}$ 省略时，把 $\boldsymbol{z}$ 矩阵的列下标当作 $\boldsymbol{x}$ 轴坐标，把 $\boldsymbol{z}$ 矩阵的行下标当作 $\boldsymbol{y}$ 轴坐标，然后绘制三维曲面图。当 $\boldsymbol{x}$、$\boldsymbol{y}$ 是向量时，必须要求 $\boldsymbol{x}$ 的长度等于 $\boldsymbol{z}$ 矩阵的列，$\boldsymbol{y}$ 的长度等于 $\boldsymbol{z}$ 矩阵的行，$\boldsymbol{x}$、$\boldsymbol{y}$ 向量元素的组合构成网格点的 $\boldsymbol{x}$、$\boldsymbol{y}$ 坐标，$\boldsymbol{z}$ 坐标则取自 $\boldsymbol{z}$ 矩阵，然后绘制三维曲面图。

【例 4 - 9】 绘制三维曲面图 $z=y\sin x-x\cos y$。

解 程序如下：

```
[X，Y]＝meshgrid(−5：.5：5)；
Z＝Y．＊sin(X) − X．＊cos(Y)；
s＝mesh(X，Y，Z，′LineWidth′，1.5)
colormap gray；
```

程序运行结果如图 4 - 11 所示。

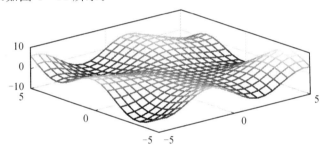

图 4 - 11　三维曲面图

MATLAB 还有带等高线的三维网格曲面函数 meshc 和带底座的三维网格曲面函数 meshz。其用法与 mesh 类似，不同的是 meshc 在 xy 平面上绘制曲面，在 z 轴方向绘制的等高线，meshz 在 xy 平面上绘制曲面的底座。

【例 4 - 10】 在 xy 平面内选择区域 $[-8,8]\times[-8,8]$，绘制下述函数 4 种三维曲面图。

$$z=\frac{\sin\sqrt{x^2+y^2}}{\sqrt{x^2+y^2}}$$

解 程序如下：

```
X＝−8：0.5：8；
Y＝−8：0.5：8；
[X，Y]＝meshgrid(X，Y)；
Z＝sin(sqrt(X．^2+Y．^2))./sqrt(X．^2+Y．^2)；
subplot(2，2，1)；
mesh(X，Y，Z)；
colormap gray；
title(′mesh(x，y，z)′)
```

```
subplot(2, 2, 2);
meshc(X, Y, Z);
colormap gray;
title('meshc(x, y, z)')
subplot(2, 2, 3);
meshz(X, Y, Z);
colormap gray;
title('meshz(x, y, z)')
subplot(2, 2, 4);
surf(X, Y, Z);
colormap gray;
title('surf(x, y, z)')
```

程序运行结果如图 4 - 12 所示。

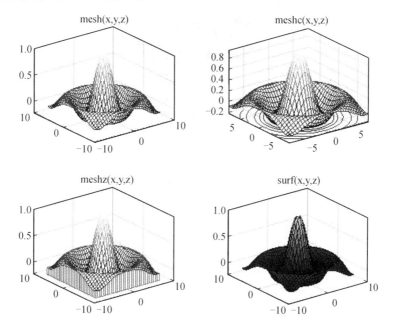

图 4 - 12　4 种形式的三维曲面图

3. 标准三维曲面

MATLAB 提供了一些函数用于绘制标准三维曲面，还可以利用这些函数产生相应的绘图数据，常用于三维图形的演示。例如，sphere 函数和 cylinder 函数分别用于绘制三维球面和柱面。sphere 函数的调用格式如下：

$$[x, y, z] = \mathrm{sphere}(n)$$

该函数将产生 $(n+1) \times (n+1)$ 的矩阵 x、y、z，采用这 3 个矩阵可以绘制出圆心位于原点、半径为 1 的单位球体，若在调用该函数时不带输出参数，则直接绘制所需球面。n 决定了球面的圆滑程度，其默认值为 20，若 n 值取得较小，则将绘制出多面体表面图。

cylinder 函数的调用格式如下：

$$[x, y, z] = \text{cylinder}(R, n)$$

其中，R 是一个向量，存放柱面各个等间隔高度上的半径；n 表示在圆柱圆周上有 n 个间隔点，缺省时表示有 20 个间隔点。例如，cylinder(3)生成一个圆柱，cylinder([10，0])生成一个圆锥，而下面的程序将生成一个由剖面函数 $t\sin(t)$ 定义的圆柱（如图 4 - 13 所示）。

```
t=0：pi/100：4 * pi;
R=sin(t). * t;
cylinder(R，20);
colormap gray
```

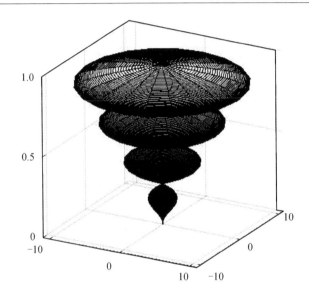

图 4 - 13   正弦柱面

另外，生成矩阵的大小与 R 向量的长度及 n 有关，其余用法与 sphere 函数相同。

MATLAB 还有一个 peaks 函数，称为多峰函数，常用于三维曲面的演示。该函数可以用来生成绘图数据矩阵，矩阵元素由下述函数

$$f(x, y) = 3(1-x^2)\, e^{-x^2-(y+1)^2} - 10\left(\frac{x}{5} - x^3 - y^5\right) e^{-x^2-y^2} - \frac{1}{3} e^{-(x+1)^2-y^2}$$

在矩形区域 $[-3, 3] \times [-3, 3]$ 的等分网格点上的函数值确定。例如：

```
>>z=peaks(30);
```

将生成一个 30×30 矩阵 z，即分别沿 x 和 y 方向将区间 $[-3, 3]$ 等分成 29 份，并计算这些网格点上的函数值。默认的等分数是 48，即生成一个 49×49 矩阵。也可以根据网格坐标矩阵 x、y 重新计算函数值矩阵。例如：

```
>>[x, y]=meshgrid(-5：0.1：5);
>z=peaks(x, y);
```

生成的数值矩阵可以作为 mesh、surf 等函数的参数而绘制出多峰函数曲面图。若在调用 peaks 函数时不带输出参数，则直接绘制出多峰函数曲面图。

4.2.3 其他三维图形

三维条形图、杆图、饼图和填充图等特殊图形，可以使用函数 bar3、stem3、pie3 和 fill3 进行绘制。

bar3 函数用于绘制三维条形图，常用格式如下：

  bar3(y)

  bar3(x, y)

第 1 种格式中，y 的每个元素对应于一个条形。第 2 种格式在 x 指定的位置上绘制 y 中元素的条形图。

stem3 函数用于绘制离散序列数据的三维杆图，常用格式如下：

  stem3(z)

  stem3(x, y, z)

第 1 种格式将数据序列 z 表示为从 xy 平面向上延伸的杆图，x 和 y 自动生成。第 2 种格式在 x 和 y 指定的位置上绘制数据序列 z 的杆图，x、y、z 必须同型。

pie3 函数用于绘制三维饼图，常用格式如下：

  pie3($\boldsymbol{x}$)

其中，$\boldsymbol{x}$ 为向量。pie3($\boldsymbol{x}$)意为用 $\boldsymbol{x}$ 中的数据绘制一个三维饼图。

fill3 函数等效于三维函数 fill，可在三维空间内绘制出填充过的多边形，常用格式如下：

  fill3(x, y, z, c)

使用 x、y、z 作为多边形的顶点，而 c 指定了填充的颜色。

【例 4 - 11】 绘制下述三维图形：

(1) 绘制魔方阵的三维条形图；

(2) 以三维杆图形式绘制曲线 $y = 2\sin x$；

(3) 已知 $\boldsymbol{x} = [2568, 1907, 2022, 3855]$，绘制饼图；

(4) 用随机的顶点坐标值画出 5 个黄色三角形。

解 程序如下：

```
colormap gray
subplot(2, 2, 1);
bar3(magic(4))
subplot(2, 2, 2);
y = 2 * sin(0: pi/20: 2 * pi);
stem3(y, 'k')
subplot(2, 2, 3);
pie3([2568, 1907, 2022, 3855])
subplot(2, 2, 4);
fill3(rand(3, 5), rand(3, 5), rand(3, 5), 'k');
grid on
```

程序运行结果如图 4 - 14 所示。

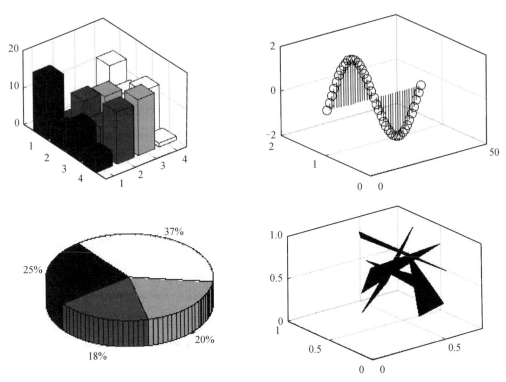

图 4 - 14　其他三维图形

除了上面讨论的三维图形外，常用图形还有瀑布图、三维曲面的等高线图。绘制瀑布图用 waterfall 函数，它的用法及图形效果与 mesh 函数相似，只是它的网格线是在 x 轴方向出现，具有瀑布效果。等高线图分二维图和三维图两种，分别使用函数 contour 和 contour3 绘制。

【例 4 - 12】　绘制多峰函数的瀑布图和等高线图。

解　程序如下：

```
subplot(2, 2, 1);
[x, y, z] = peaks(30);
waterfall(x, y, z);
colormap gray
xlabel('X - axis');
ylabel('Y - axis');
zlabel('Z - axis');
subplot(2, 2, 2);
contour3(x, y, z, 12, 'k')
xlabel('X - axis');
ylabel('Y - axis');
zlabel('Z - axis');
```

程序运行结果如图 4 - 15 所示。

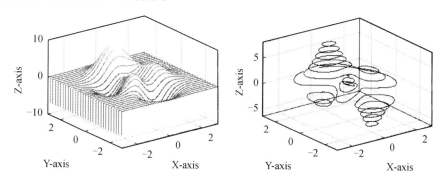

图 4 - 15　瀑布图和三维等高线图

4.3　思考练习

1. 如果 x、y 均为 4×3 的矩阵，则执行 plot(x，y) 命令后在图形窗口中可以绘制几条曲线？

2. 执行以下命令：

>>x＝0：pi/20：pi；

>>y＝sin(x)

以 x 为横坐标、y 为纵坐标进行二维图绘制，并添加"正弦波"标题，将该图形的横坐标标注为"时间"，纵坐标标注为"幅度"。

3. 在同一坐标轴下绘制多条二维曲线，有哪些方法？

4. 绘制下列曲线：

(1) $y = \dfrac{1}{2\pi} \mathrm{e}^{-\frac{x^2}{2}}$。

(2) $\begin{cases} x = t\sin t \\ y = t\cos t \end{cases}$。

5. 分别用 plot 和 fplot 函数绘制函数 $y = \sin(1/x)$ 的曲线，分析两曲线的差别。

6. 在同一坐标轴中绘制下列两条曲线并标注两曲线交叉点。

(1) $y = 2x - 0.8$。

(2) $\begin{cases} x = \sin(3t)\cos t \\ y = \sin(3t)\sin t \end{cases}$　$(0 \leqslant t \leqslant \pi)$。

第 5 章　数据插值与拟合

数据拟合与插值是工程应用中常用的数据处理技术。进行数据拟合与插值操作，便于工程人员从数据中获得一般规律，有利于工程人员进一步认识工程问题本质。本章将重点介绍采用 MATLAB 对数据进行拟合和插值的一系列操作。

5.1　数　据　插　值

科学和工程问题可以通过采样、实验等方法获得若干离散的数据点，若要得到这些离散点以外其他点的数值，就需要在这些已知数据的基础上插补连续函数，使得这条连续曲线通过全部给定的离散数据点。利用它可通过函数在有限个点处的取值状况，估算出函数在其他点处的近似值。例如，测得 k 个点的数据为 (x_1, y_1)，(x_2, y_2)，$\cdots$，(x_k, y_k)，虽然可用函数关系 $y = f(x)$ 进行表达，但通常情况下很难获得 $f(x)$ 的具体的解析表达式。数据插值的任务就是根据上述条件构造函数 $y = g(x)$，使得在 $x_i (i = 1, 2, \cdots, k)$ 上有 $g(x_i) = f(x_i)$，且在两个相邻的采样点 $(x_i, x_{i+1}) (i = 1, 2, \cdots, k-1)$ 之间，$g(x)$ 光滑过渡。插值函数 $g(x)$ 一般由线性函数、多项式、样条函数或这些函数的分段函数充当。

根据自变量的个数，插值可分为一维、二维和多维插值；根据采用的插值方法，插值分为线性插值、多项式插值和样条插值等。MATLAB 提供了一维、二维、N 维数据插值函数 interp1、interp2 和 interpn 等，还提供了 3 次样条插值函数 spline。下面重点介绍一维和二维数据插值。

5.1.1　一维数据插值

当被插值函数 $y = f(x)$ 为一元函数时，MATLAB 使用 interp1 函数来实现一维插值。其调用格式如下：

$$Y_1 = \text{interp1}(X, Y, X_1, 'method')$$

其中，X、Y 为插值点；Y_1 为在被插值点 X_1 处的插值结果；method 表示采用的插值方法。method 共有以下几种：

（1）'linear'：分段线性插值，是指插值点处函数值由连接其最邻近的两侧点的线性函数预测。该法也是 MATLAB 中 interp1 的默认方法。

（2）'nearest'：最邻近插值，是指插值点处函数值与插值点最邻近的已知点函数值相等。

（3）'pchip'：3 次埃尔米特多项式插值。是指采用分段三次多项式，除满足插值条件，还需满足在若干节点处的一阶导数也相等，从而提高了插值函数的光滑性。MATLAB 中有一个专门的 3 次埃尔米特插值函数 pchip(X, Y, X_1)，其功能及使用方法与函数 interp1$(X, Y, X_1, 'pchip')$ 相同。

（4）'spline'：样条插值，是指在每个分段（子区间）内构造一个 3 次多项式，使其插值函数除满足插值条件外，还要在各节点处具有连续的一阶和二阶导数，从而保证节点处光滑。MATLAB 中有一个专门的 3 次样条插值函数 spline$(X，Y，X_1)$，其功能及使用方法与函数 interp1$(X，Y，X_1，$'pchip'$)$ 相同。

注意：对于超出 X 范围的插值点，使用 linear 和 nearest 插值方法，会给出 NaN 错误；对于其他插值方法，将对超出范围的插值点执行外插值算法。

【例 5 - 1】　用不同的插值方法计算 $\cos x$ 在 $\pi/3$ 点的值。

解　这是一个一维插值问题，程序如下：

```
X=0：0.2：pi;
Y=cos(X);
y1=interp1(X, Y, pi/3)              %用默认方法（即线性插值方法）计算 cos(π/3)
y2=interp1(X, Y, pi/3, 'nearest')   %用最近点插值方法计算 cos(π/3)
y3=interp1(X, Y, pi/3, 'linear')    %用线性插值方法计算 cos(π/3)
y4=interp1(X, Y, pi/3, 'pchip')     %用 3 次埃尔米特插值方法计算 cos(π/3)
y5=interp1(X, Y, pi/3, 'spline')    %用 3 次样条插值方法计算 cos(π/3)
```

运行结果如下：

```
y1 =
    0.4983
y2 =
    0.5403
y3 =
    0.4983
y4 =
    0.5002
y5 =
    0.5000
```

由结果可看出，3 次样条插值法的结果优于其他插值方法。然而，插值方法的好坏往往依赖于被插值函数，并不能认为某一种插值方法在任何情况下都是最好的。

【例 5 - 2】　某观测站测得某日 6:00—18:00 之间每隔两小时的室内外温度，如表 5 - 1 所示，用 3 次样条插值法分别求得该日室内外 6:30—17:30 时之间每隔两小时各点的近似温度。

表 5 - 1　室内外温度观测值

时间 h	6	8	10	12	14	16	18
室内温度 t_1/℃	18.0	20.0	22.0	25.0	30.0	28.0	24.0
室外温度 t_2/℃	15.0	19.0	24.0	28.0	34.0	32.0	30.0

解　设时间变量 h 为一行向量，温度变量 t 为一个两列矩阵，其中第 1 列存放室内温度，第 2 列存放室外温度。程序如下：

```
h=6：2：18；
t=[18, 20, 22, 25, 30, 28, 24；15, 19, 24, 28, 34, 32, 30]′；
X1=6.5：2：17.5；
Y1=interp1(h, t, X1, 'spline')
```

程序输出结果如下：

```
Y1=
    18.5020    15.6553
    20.4986    20.3355
    22.5193    24.9089
    26.3775    29.6383
    30.2051    34.2568
    26.8178    30.9594
```

5.1.2　二维数据插值

函数随两个自变量变化，其采样的数据点位于这两个参数组成的平面区域，其插值函数是一个二维函数。在 MATLAB 中，提供函数 interp2 来解决二维插值问题，其调用格式如下：

$$Z_1 = interp2(X, Y, Z, X_1, Y_1, method)$$

其中，X、Y 是两个向量，分别描述两个参数的采样数据点，Z 是与参数采样点对应的函数值，X_1、Y_1 是两个向量或标量，描述欲插值的点；Z_1 是根据相应的插值方法得到的插值结果；method 的取值与一维插值函数相同，但二维插值不支持 pchip 方法。X、Y、Z 也可以是矩阵形式。

注意：对于超出 X、Y 范围的插值点，使用 linear 和 nearest 插值方法，会给出 NaN 错误。对于 spline 方法，将对超出范围的插值点执行外插值算法。

【例 5-3】 某粮仓自动测控系统中，根据粮温、粮湿计算平衡点湿度，与大气湿度进行比较，再根据通风模拟情况决定是否自动进行通风。已测得平衡点湿度与粮温、粮湿关系的部分数据如表 5-2 所示，请推算相应范围内温度每变化 1 度、湿度变化 1 个点的平衡点湿度。

表 5-2　平衡点湿度与粮温、粮湿度关系

T	B							
	W=20	W=30	W=40	W=50	W=60	W=70	W=80	W=90
0	8.9	10.32	11.3	12.5	13.9	15.3	17.8	21.3
5	8.7	10.8	11	12.1	13.2	14.8	16.55	20.8
10	8.3	9.65	10.88	12	13.2	14.6	16.4	20.5
15	8.1	9.4	10.7	11.9	13.1	14.5	16.2	20.3
20	8.1	9.2	10.8	12	13.2	14.8	16.9	20.9

注：T 表示粮温，W 表示粮湿，B 表示平衡点湿度。

解　程序如下：

```
x=20：10：90；
y=(0：5：20)′；
z=[8.9，10.32，11.3，12.5，13.9，15.3，17.8，21.3；
    8.7，10.8，11，12.1，13.2，14.8，16.55，20.8；
    8.3，9.65，10.88，12，13.2，14.6，16.4，20.5；
    8.1，9.4，10.7，11.9，13.1，14.5，16.2，20.3；
    8.1，9.2，10.8，12，13.2，14.8，16.9，20.9]；
xi=20：90；
yi=(0：20)′；
zi=interp2(x，y，z，xi，yi，′spline′)
```

程序输出结果略。

【例 5 - 4】　某实验对设备进行性能测试。用 x 表示测试时间(秒)，y 表示设备的转矩(N·m)，Z 表示设备的温度(℃)，试用线性插值求出在 20 秒内每隔 2 秒、设备每隔 5 N·m 的温度 Z_1。已知设备各转矩的温度值如表 5 - 3 所示。

表 5 - 3　设备各转矩的温度值

x/s	Z/℃				
	$y=0$ N·m	$y=20$ N·m	$y=40$ N·m	$y=60$ N·m	$y=80$ N·m
0	0	0	0	0	0
10	6	12	38	48	88
20	15	46	57	87	99

程序如下：

```
x=0：10：20；
y=[0：20：80]′；
[x，y]=meshgrid(x，y)；
Z=[0，0，0，0，0；6，12，38，48，88；15，46，57，87，99]′；
x1=[0：2：20]；
y1=[0：5：80]′；
Z1=interp2(x，y，Z，x1，y1)；
figure
surf(x1，y1，Z1)；
xlabel(′x′)；
ylabel(′y′)；
zlabel(′z′)；
colormap gray
```

根据插值结果 $[x_1，y_1，Z_1]$，用绘图函数 $surf(x_1，y_1，Z_1)$ 绘制的设备温度立体图如图 5 - 1 所示。如果加密插值点，则绘制的立体图更理想。

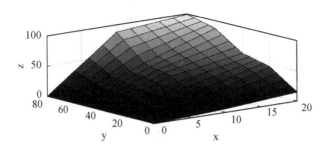

图 5-1　采用线性插值得到的设备温度立体图

5.2　曲　线　拟　合

　　用连续曲线近似刻画或比拟平面上一组离散点所表示的坐标之间的函数关系称为曲线拟合。对于离散的数据，如果能够找到一个连续的函数或者更加密集的离散方程，使得实验数据与方程的曲线能够在最大程度上近似吻合，就可以根据曲线方程对数据进行数学计算，对实验结果进行理论分析，甚至对某些不具备测量条件的位置的结果进行估算。

5.2.1　曲线拟合原理

　　由于实验或测量中存在误差，因此测量数据并非完全准确。若强行进行插值，显然是不合理的。为此，提出了构造函数 $y = g(x)$ 去逼近 $f(x)$。构造函数放弃了在插值点两者完全相等的要求，要求插值点在某种意义下达到最优即可。

　　MATLAB 中，曲线拟合常采用最小二乘法原理来实现，构造的 $g(x)$ 是一个次数小于插值节点个数的多项式。

　　设测得 n 个离散数据点 (x_i, y_i)，今欲构造一个 $m(m \leqslant n)$ 次多项式 $P(x)$：

$$P(x) = a_m x^m + a_{m-1} x^{m-1} + \cdots + a_1 x + a_0$$

　　所谓曲线拟合的最小二乘法原理，就是使上述拟合多项式在各节点处的偏差的平方和

$$\sum_{i=1}^{n} [P(x_i) - y_i]^2$$ 达到最小。

5.2.2　曲线拟合的实现

　　采用最小二乘法进行曲线拟合时，实际是求一个系数向量。该系数向量是一个多项式的系数。在 MATLAB 中，根据观测数据及用户指定的多项式阶用函数 ployfit 得到光滑曲线的多项式表示，再用 polyval 函数按所得的多项式计算给出点上的函数近似值。polyfit 函数的调用格式如下：

　　　　$[P, S] = \mathrm{polyfit}(X, Y, m)$

　　该函数根据采样点 X 和采样点函数值 Y，产生一个 m 次多项式 P 及其在采样点的误差向量 S。其中 X、Y 是两个等长的向量，P 是一个长度为 $m+1$ 的向量，P 的元素为多项式系数。

　　polyval 函数的功能是按多项式的系数计算 x 点多项式的值。

　　【例 5-5】　已知数据表 x 与 y 的关系如表 5-4 所示，试求 2 次拟合多项式 $P(x)$，然

后求 $x=1$，1.5，2，2.5，$\cdots$，9.5，10 各点的函数近似值。

表 5 - 4　数　据　表

x	1	2	3	4	5	6	7	8	9	10
y	18.5	10.9	5.3	1.8	0.1	0.5	2.9	7.3	13.7	22.1

解　程序如下：

```
x=1：10；
y=[18.5，10.9，5.3，1.8，0.1，0.5，2.9，7.3，13.7，22.1]；
p=polyfit(x，y，2)；
xi=1：0.5：10；
yi=polyval(p，xi)；
figure
plot(x，y，'k−'，xi，yi，'ko'，'LineWidth'，1.5)；
xlabel('x')；
ylabel('y')；
```

图 5 - 2 是拟合曲线图。图中实线为数据表 5 - 4 构成的曲线，"o"为拟合多项式 $P(x)$ 在 x_i 各点上的函数近似值。

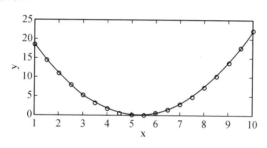

图 5 - 2　拟合曲线图

5.3　工程综合应用案例

在解决实际问题过程中，常常需要根据一些已有的数据，实现预测这些数据之外的信息，或解决与这些数据相关的一些问题。科学研究和工程计算中最常用的两种方法就是插值和拟合。

【例 5 - 6】　在 1—12 点的 11 个小时内，每隔 1 小时测量一次温度，测得的温度（单位：℃）依次为 5，8，9，15，25，29，31，30，22，25，27，24。试估计每隔 1/10 小时的温度值。

解　程序如下：

```
hours=1：12；
temps=[5 8 9 15 25 29 31 30 22 25 27 24]；
h=1：0.1：12；
t=interp1(hours，temps，h，'spline')；
t1=interp1(hours，temps，h，'line')；
```

```
plot(hours, temps, 'k+', h, t, 'k: ', h, t1, 'k--', 'LineWidth', 1.5)
legend('原值', '三次样条', '线性')
xlabel('时间');
ylabel('温度');
```

其输出结果如图 5 - 3 所示。

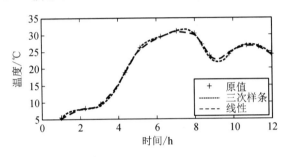

图 5 - 3   插值结果

【例 5 - 7】   已知飞机下轮廓线数据如表 5 - 5 所示，分别用 3 种插值方法求 x 每改变 0.1 时的 y 值。

表 5 - 5   飞机下轮廓线数据表

x	0	3	5	7	9	11	12	13	14	15
y	0	1.2	1.7	2.0	2.1	2.0	1.8	1.2	1.0	1.6

程序如下：

```
x0=[0 3 5 7 9 11 12 13 14 15];
y0=[0 1.2 1.7 2.0 2.1 2.0 1.8 1.2 1.0 1.6];
x=0: 0.1: 15;
y1=interp1(x0, y0, x, 'nearest');
y2=interp1(x0, y0, x, 'linear');
y3=interp1(x0, y0, x, 'spline');
subplot(3, 1, 1)
plot(x0, y0, 'ko', x, y1, 'k-')
grid minor
title('nearest')
subplot(3, 1, 2)
plot(x0, y0, 'ko', x, y2, 'k-')
grid minor
title('linear')
subplot(3, 1, 3)
plot(x0, y0, 'ko', x, y3, 'k-')
grid minor
title('spline')
```

三种插值方法的输出结果如图 5-4 所示。

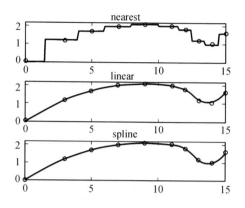

图 5-4　三种插值方法的输出结果

【例 5-8】　1949—1994 年我国人口数据资料如表 5-6 所示。

表 5-6　人口数据表

x_i	1949	1954	1959	1964	1969	1974	1979	1984	1989	1994
y_i/亿人	5.4	6.0	6.7	7.0	8.1	9.1	9.8	10.3	11.3	11.8

试着建模分析我国人口增长的规律，预报 1999 年我国人口数。

解　程序代码如下：

```
x=[1949 1954 1959 1964 1969 1974 1979 1984 1989 1994];
y=[5.4 6.0 6.7 7.0 8.1 9.1 9.8 10.3 11.3 11.8];
x1=1949:10:1994;
a=polyfit(x, y, 1);
y1=a(1)*x1+a(2);
figure
plot(x, y, 'k-', 'LineWidth', 1.5)
hold on
plot(x1, y1, 'k--', 'LineWidth', 1.5)
xlabel('时间(年)');
ylabel('人口数(亿人)')
hold off
legend('原曲线', '模型曲线')
xp=1999;
yp=a(1)*xp+a(2);
disp(['1999年人口数估计为：', num2str(yp), '亿人'])
```

拟合曲线如图 5-5 所示，预报 1999 年我国人口数如下：

```
1999年人口数估计为：12.62 亿人
```

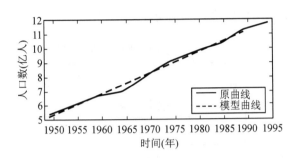

图 5-5 人口拟合曲线

5.4 思考练习

1. 拉格朗日插值基函数在节点上的取值是多少?

2. 在某山区测得一些地点的高程如表 5-7 所示(平面区域 $1200 \leqslant x \leqslant 4000$, $1200 \leqslant y \leqslant 3600$),试作出该山区的地貌图和等高线图,并对几种插值方法进行比较。

表 5-7 某山区各地高程数据表

y	x							
3600	1480	1500	1550	1510	1430	1300	1200	980
3200	1500	1550	1600	1550	1600	1600	1600	1550
2800	1500	1200	1100	1550	1600	1550	1380	1070
2400	1500	1200	1100	1350	1450	1200	1150	1010
2000	1390	1500	1500	1400	900	1100	1060	950
1600	1320	1450	1420	1400	1300	700	900	850
1200	1130	1250	1280	1230	1040	900	500	700
	1200	1600	2000	2400	2800	3200	3600	4000

3. 假定某地某天的气温变化记录数据见表 5-8,误差不超过 0.5℃,试找出这一天的气温变化规律。

表 5-8 某地某天气温变化记录数据表

时刻/h	0	1	2	3	4	5	6	7	8	9	10	11	12
温度/℃	15	14	14	14	14	15	16	18	20	22	23	25	28
时刻/h	13	14	15	16	17	18	19	20	21	22	23	24	
温度/℃	31	32	31	29	27	25	24	22	20	18	17	16	

4. 已知如表 5-9 所示的数据拟合表,试用线性与二次 Lagrange 插值多项式分别计算当 $x = 1.25$ 时 y 的值。

表 5 - 9 数 据 拟 合 表

x	0	1	2	3
y	1	3	9	27

5. 根据测试，某型车辆在潮湿天气在沥青路面行驶时，其行车速度 v（单位为 km/h）与制动距离 P（单位为 m）的关系如表 5 - 10 所示。

表 5 - 10 行车速度与制动距离的关系

v	20	30	40	50	60	70	80	90	100	110	120	130	140	150
P	3.15	7.08	12.59	19.68	28.34	38.57	50.4	63.75	78.71	95.22	113.29	132.93	154.12	176.87

假设驾驶员的反应时间为 10 s，安全距离为 10 m。

（1）根据某驾驶员的实际视力和视觉习惯，其驾驶时的有效视距为 120 m，则其在该路面行车时，时速最高不能超过多少（结果取整）？

（2）若以表中数据为参考，设计一条最高时速为 125 km/h 的高速公路，则设计人员应该保证驾驶者在公路上任一点的可视距离为多少米？

6. 表 5 - 11 所示数据是某次实验所得，试着得到 x 和 y 之间的函数关系。

表 5 - 11 实 验 数 据 表

x	1	2	4	7	9	12	13	15	17
y	1.5	3.9	6.6	11.7	15.6	18.8	19.6	20.6	21.1

7. 已知某电阻特性数据如表 5 - 12 所示。

表 5 - 12 电阻特性数据

温度/℃	20.2	32.3	51.0	73.0	95.7
电阻/Ω	750	820	873	949	1032

求当温度为 65℃时的电阻 R 的大小。

8. 有表 5 - 13 所示的离散数据，请拟合出其多项式。

表 5 - 13 已 知 数 据

x	0	0.1	0.2	0.3	0.4	0.5	0.6	0.7	0.8	0.9
y	0.3	0.5	1	1.4	1.6	1.9	1.6	1.4	1.8	1.5

第 6 章　回归分析和方差分析

在统计学中，回归分析是确定两种或两种以上变量间相互依赖的定量关系的一种统计分析方法。方差分析又称变异数分析，是 R. A. Fisher 发明的用于两个及两个以上样本均数差别的显著性检验。本章将重点介绍两种基本统计学分析方法的原理及其 MATLAB 实现。

6.1　回归分析

6.1.1　多元线性回归

1. 理论模型

多元线性回归的模型为

$$\begin{cases} y = \beta_0 + \beta_1 x_1 + \cdots + \beta_m x_m + \varepsilon \\ \varepsilon \sim N(0, \delta^2) \end{cases} \tag{6-1}$$

式中，β_0，β_1，$\cdots$，β_m，σ^2 都是与 x_1，x_2，$\cdots$，x_m 无关的未知参数，β_0，β_1，$\cdots$，β_m 称为回归系数。

现得到 n 个独立观测数据 $[b_i, a_{i1}, \cdots, a_{im}]$，其中 b_i 为 y 的观察值，a_{i1}，$\cdots$，a_{im} 分别为 x_1，x_2，$\cdots$，x_m 的观察值，$i = 1, \cdots, n$，$n > m$，由式(6-1)得

$$\begin{cases} y = \beta_0 + \beta_1 a_{i1} + \cdots + \beta_m a_{im} + \varepsilon_i \\ \varepsilon \sim N(0, \delta^2) \quad (i = 1, \cdots, n) \end{cases} \tag{6-2}$$

记

$$X = \begin{bmatrix} 1 & a_{11} & \cdots & a_{1m} \\ \vdots & \vdots & & \vdots \\ 1 & a_{n1} & \cdots & a_{nm} \end{bmatrix}, \quad Y = \begin{bmatrix} b_1 \\ \vdots \\ b_n \end{bmatrix}$$

$$\boldsymbol{\varepsilon} = [\varepsilon_1, \cdots, \varepsilon_n]^{\mathrm{T}}, \quad \boldsymbol{\beta} = [\beta_0, \beta_1, \cdots, \beta_m]^{\mathrm{T}} \tag{6-3}$$

则式(6-1)表示为

$$\begin{cases} Y = X\boldsymbol{\beta} + \boldsymbol{\varepsilon} \\ \boldsymbol{\varepsilon} \sim N(0, \sigma^2 E_n) \end{cases} \tag{6-4}$$

式中：E_n 为 n 阶单位矩阵。

2. 参数估计

式(6-1)中的参数 β_0，β_1，$\cdots$，β_m 用最小二乘法估计，即应选取估计值 $\hat{\beta}_j$，使当 $\beta_j = \hat{\beta}_j (j = 0, 1, \cdots, m)$ 时，误差平方和：

$$Q = \sum_{i=1}^{n} \varepsilon_i^2 = \sum_{i=1}^{n} (b_i - \hat{b}_i)^2 = \sum_{i=1}^{n} (b_i - \beta_0 - \beta_1 a_{i1} - \cdots - \beta_m a_{im})^2 \tag{6-5}$$

达到最小。令

$$\frac{\partial Q}{\partial \beta_j} = 0 \quad (j=0,1,2,\cdots,n) \tag{6-6}$$

得

$$\begin{cases} \dfrac{\partial Q}{\partial \beta_0} = -2\sum_{i=1}^{n}(b_i - \beta_0 - \beta_1 a_{i1} - \cdots - \beta_m a_{im}) = 0 \\ \dfrac{\partial Q}{\partial \beta_j} = -2\sum_{i=1}^{n}(b_i - \beta_0 - \beta_1 a_{i1} - \cdots - \beta_m a_{im}) a_{ij} = 0 \quad (j=1,2,\cdots,n) \end{cases} \tag{6-7}$$

经整理化为以下正规方程组：

$$\begin{cases} \beta_0 n + \beta_1 \sum_{i=1}^{n} a_{i1} + \beta_2 \sum_{i=1}^{n} a_{i2} + \cdots + \beta_m \sum_{i=1}^{n} a_{im} = \sum_{i=1}^{n} b_i \\ \beta_0 \sum_{i=1}^{n} a_{i1} + \beta_1 \sum_{i=1}^{n} a_{i1}^2 + \beta_2 \sum_{i=1}^{n} a_{i1} a_{i2} + \cdots + \beta_m \sum_{i=1}^{n} a_{i1} a_{im} = \sum_{i=1}^{n} a_{i1} b_i \\ \beta_0 \sum_{i=1}^{n} a_{im} + \beta_1 \sum_{i=1}^{n} a_{im} a_{i1} + \beta_2 \sum_{i=1}^{n} a_{im} a_{i2} + \cdots + \beta_m \sum_{i=1}^{n} a_{im}^2 = \sum_{i=1}^{n} a_{im} b_i \end{cases} \tag{6-8}$$

正规方程组的矩阵形式为

$$\boldsymbol{X}^{\mathrm{T}} \boldsymbol{X} \boldsymbol{\beta} = \boldsymbol{X}^{\mathrm{T}} \boldsymbol{Y} \tag{6-9}$$

当矩阵 $\boldsymbol{X}$ 列满秩时，$\boldsymbol{X}^{\mathrm{T}} \boldsymbol{X}$ 为可逆方阵，式(6-9)的解为

$$\hat{\boldsymbol{\beta}} = (\boldsymbol{X}^{\mathrm{T}} \boldsymbol{X})^{-1} \boldsymbol{X}^{\mathrm{T}} \boldsymbol{Y} \tag{6-10}$$

将 $\hat{\boldsymbol{\beta}}$ 代回原模型得到 y 的估计值：

$$\hat{y} = \hat{\beta}_0 + \hat{\beta}_1 x_1 + \cdots + \hat{\beta}_m x_m \tag{6-11}$$

这组数据的拟合值为

$$\hat{b}_i = \hat{\beta}_0 + \hat{\beta}_1 a_{i1} + \cdots + \hat{\beta}_m a_{im} \quad (i=1,\cdots,n) \tag{6-12}$$

记 $\hat{\boldsymbol{Y}} = \boldsymbol{X} \hat{\boldsymbol{\beta}} = [\hat{b}_1,\cdots,\hat{b}_n]^{\mathrm{T}}$，拟合误差 $\boldsymbol{e} = \boldsymbol{Y} - \hat{\boldsymbol{Y}}$ 称为残差，可作为随机误差 $\boldsymbol{\varepsilon}$ 的估计，而

$$Q = \sum_{i=1}^{n} e_i^2 = \sum_{i=1}^{n} (b_i - \hat{b}_i)^2 \tag{6-13}$$

为残差平方和(或剩余平方和)。

3. 统计分析

统计分析结果如下：

(1) $\hat{\boldsymbol{\beta}}$ 是 β 的线性最小方差无偏估计：$\hat{\boldsymbol{\beta}}$ 的期望等于 β；在 β 的线性无偏估计中 $\hat{\boldsymbol{\beta}}$ 的方差最小。

(2) $\hat{\boldsymbol{\beta}}$ 服从正态分布：

$$\hat{\boldsymbol{\beta}} \sim N(\beta, \sigma^2 (\boldsymbol{X}^{\mathrm{T}} \boldsymbol{X})^{-1}) \tag{6-14}$$

记 $(\boldsymbol{X}^{\mathrm{T}} \boldsymbol{X})^{-1} = (c_{ij})_{n \times n}$。

(3) 对残差平方和 Q，$EQ = (n-m-1)\sigma^2$，且

$$\frac{Q}{\sigma^2} \sim \chi^2(n-m-1) \tag{6-15}$$

由此得到 σ^2 的无偏估计：

$$S^2 = \frac{Q}{n-m-1} = \hat{\sigma}^2 \tag{6-16}$$

其中，S^2 是剩余方差（残差的方差），S 称为剩余标准差。

（4）对总平方和 $\text{SST} = \sum_{i=1}^{n}(b_i - \bar{b})^2$ 进行分解：

$$\begin{cases} \text{SST} = Q + U \\ U = \sum_{i=1}^{n}(b_i - \bar{b})^2 \end{cases} \tag{6-17}$$

式中，$\bar{b} = \dfrac{1}{n}\sum_{i=1}^{n} b_i$；$Q$ 为由式(6-13)定义的残差平方和，反映随机误差对 y 的影响；U 为回归平方和，反映自变量对 y 的影响。上面的分解中利用了正规方程组。

4. 回归模型的假设检验

因变量 y 与自变量 $x_1, \cdots, x_m$ 之间是否存在如式(6-4)所示的线性关系是需要检验的。如果所有的 $|\hat{\beta}_j|$（$j = 1, \cdots, m$）都很小，y 与 $x_1, \cdots, x_m$ 的线性关系就不明显，所以可令原假设为

$$H_0: \beta_j = 0 \quad (j = 1, \cdots, m)$$

当 H_0 成立时，由分解式(6-17)定义的 U、Q 满足：

$$F = \frac{U/m}{Q/(n-m-1)} \sim F(m, n-m-1) \tag{6-18}$$

在显著性水平 α 下，对于上 α 分位数 $F(m, n-m-1)$，若 $F < F_\alpha(m, n-m-1)$，接受 H，否则拒绝。

注：接受 H_0 只说明 y 与 $x, \cdots, x_m$ 的线性关系不明显，可能存在非线性关系，如平方关系。

还有一些衡量 y 与 $x_1, \cdots, x_m$ 相关程度的指标。例如，用回归平方和在总平方和中的比值定义复判定系数：

$$R^2 = \frac{U}{\text{SST}} \tag{6-19}$$

式中，R 称为复相关系数，R 越大，y 与 $x, \cdots, x_m$ 的相关关系越密切。通常，R 大于 0.8（或 0.9）才认为相关关系成立。

5. 回归系数的假设检验和区间估计

当 H_0 被拒绝时，β_j 不全为 0，但是不排除其中若干等于 0。所以应进一步作如下 $m+1$ 个检验：

$$H_0^{(j)}: \beta_j = 0 \quad (j = 0, 1, \cdots, m)$$

由式(6-14)可得，$\hat{\beta}_j \sim N(\beta_j, \sigma^2 c_{jj})$，$c_{jj}$ 是 $(\boldsymbol{X}^\mathrm{T}\boldsymbol{X})^{-1}$ 中对角线上的元素，用 S^2 代替 σ^2，由式(6-14)～式(6-16)可知，当 $H_0^{(j)}$ 成立时，有：

$$t_j = \frac{\hat{\beta}_j / \sqrt{c_{jj}}}{\sqrt{Q/(n-m-1)}} \sim t(n-m-1) \qquad (6-20)$$

对给定的 α，若 $|t_j| < t_{\frac{\alpha}{2}}(n-m-1)$，则接受 $H_0^{(j)}$，否则拒绝。

式(6-20)也可以用于对 β_j 作区间估计。在置信水平 $1-\alpha$ 下，β_j 的置信区间为

$$\left[\hat{\beta}_j - t_{\frac{\alpha}{2}}(n-m-1)S\sqrt{c_{jj}} , \ \hat{\beta}_j + t_{\frac{\alpha}{2}}(n-m-1)S\sqrt{c_{jj}} \right] \qquad (6-21)$$

式中：$S = \sqrt{\dfrac{Q}{n-m-1}}$。

6. 利用回归模型进行预测

当回归模型和系数通过检验后，可由给定的 $[x, \cdots, x_m]$ 的取值 $[a_{01}, \cdots, a_{0m}]$ 预测 y 的取值 b_0，显然，其预测值(点估计)为

$$\hat{b}_0 = \hat{\beta}_0 + \hat{\beta}_1 a_{01} + \cdots + \hat{\beta}_m a_{0m} \qquad (6-22)$$

给定 α 可以算出 b_0 的预测区间：

$$\left[\hat{b}_0 - Z_{\frac{\alpha}{2}}S , \ \hat{b}_0 - Z_{\frac{\alpha}{2}}S \right] \qquad (6-23)$$

式中，$Z_{\frac{\alpha}{2}}$ 为标准正态分布的上 $\dfrac{\alpha}{2}$ 分位数。

对 b_0 的区间估计方法可用于给出已知数据残差 $e_i = b_i - \hat{b}_i (i = 1, \cdots, n)$ 的置信区间，e_i 服从均值为 0 的正态分布，所以若某个 e_i 的置信区间不包括零点，则认为这个数据是异常的，可以剔除。

6.1.2　多元二项式回归

统计工具箱提供了作多元二项式回归的命令 rstool，它产生一个交互式画面，并输出有关信息，用法如下：

rstool($\boldsymbol{X}$, $\boldsymbol{Y}$, model, alpha)

其中，alpha 为显著性水平 α(缺省时设定为 0.05)，model 可选择如下的 4 个模型(用字符串输入，默认时设定为线性模型)：

(1) linear(线性)：$y = \beta_0 + \beta_1 x_1 + \cdots + \beta_m x_m$。

(2) purequadratic(纯二次)：$y = \beta_0 + \beta_1 x_1 + \cdots + \beta_m x_m + \sum\limits_{j=1}^{m} \beta_{jj} x_j^2$。

(3) interaction(交叉)：$y = \beta_0 + \beta_1 x_1 + \cdots + \beta_m x_m + \sum\limits_{1 \leqslant j < k \leqslant m} \beta_{jk} x_j x_k$。

(4) quadratic(完全二次)：$y = \beta_0 + \beta_1 x_1 + \cdots + \beta_m x_m + \sum\limits_{1 \leqslant j < k \leqslant m} \beta_{jk} x_j x_k$。

$[y, x, \cdots, x_m]$ 的 n 个独立观测数据仍然记为 $[b_i, a_{i1}, \cdots, a_{im}]$，$i = 1, \cdots, n$。$\boldsymbol{Y}$、$\boldsymbol{X}$ 分别为 n 维列向量和 $n \times m$ 矩阵，其表达式为

$$\boldsymbol{Y} = \begin{bmatrix} b_1 \\ \vdots \\ b_n \end{bmatrix}, \ \boldsymbol{X} = \begin{bmatrix} a_{11} & \cdots & a_{11} \\ \vdots & & \vdots \\ a_{n1} & \cdots & a_{nm} \end{bmatrix} \qquad (6-24)$$

注：

（1）多元二项式回归中的数据矩阵 X 与线性回归分析中的数据矩阵 X 是有差异的，后者的第一列为全 1 的列向量。

（2）在完全二次多项式回归中，二次项系数的排列次序是先交叉项的系数，最后纯二次项的系数。

【例 6-1】 根据表 6-1 某养羊场的数据资料，试进行瘦肉量 y 对眼肌面积（x_1）、腿肉量（x_2）、腰肉量（x_3）的多元回归分析。

表 6-1 某养羊场的数据资料

序号	瘦肉量 y/kg	眼肌面积 x_1/cm²	腿肉量 x_2/kg	腰肉量 x_3/kg	序号	瘦肉量 y/kg	眼肌面积 x_1/cm²	腿肉量 x_2/kg	腰肉量 x_3/kg
1	10.01	15.82	3.66	0.8	14	10.63	15.68	3.45	1.32
2	8.4	14.89	2.88	0.9	15	9.55	14.57	3.24	1.06
3	9.91	19.23	3.36	1.28	16	10.07	19.3	3.45	0.91
4	9.32	18.45	3.15	0.99	17	9.21	16.35	3.25	0.93
5	10.61	13.89	3.57	1.04	18	10.39	18.43	3.35	1.11
6	8.31	14.85	2.85	1	19	10.57	18.19	3.7	1.13
7	10.53	18.38	3.5	1.23	20	10.19	19.38	3.51	1.21
8	9.55	18.67	3.08	1.01	21	10.93	21.65	3.45	1.17
9	9.17	16.53	2.95	0.97	22	10.01	19.77	3.39	1.13
10	10.12	19.31	3.53	1.11	23	10.49	14.75	3.27	1.21
11	9.45	17.18	3.25	1.09	24	9.83	14.95	3.1	1.21
12	11.38	15.45	3.87	1.23	25	9.57	13.36	3.39	1.02
13	10.27	19.05	3.48	1.11					

（1）求 y 关于 x_1，x_2，x_3 的线性回归方程：
$$y = c_0 + c_1 x_1 + c_2 x_2 + c_3 x_3$$
计算 c_0，c_1，c_2，c_3 的估计值。

（2）对上述回归模型和回归系数进行检验（要写出相关的统计量）。

（3）试建立 y 关于 x_1，x_2，x_3 的二项式回归模型，并根据适当统计量指标选择一个较好的模型。

解 （1）记 y，x_1，x_2，x_3 的观察值分别为 b_i，a_{i1}，a_{i2}，$a_{i3}(i=1, 2, \cdots, 25)$ 且
$$X = \begin{bmatrix} 1 & a_{11} & a_{12} & a_{13} \\ \vdots & \vdots & \vdots & \vdots \\ 1 & a_{25,1} & a_{25,2} & a_{25,3} \end{bmatrix}, \quad Y = \begin{bmatrix} b_1 \\ \vdots \\ b_{25} \end{bmatrix}$$

用最小二乘法求 c_0，c_1，c_2，c_3 的估计值，即应选取估计值 $\hat{c}_j$，使当 $c_j = \hat{c}_j (j=0, 1, 2, 3)$ 时，误差平方和：
$$Q = \sum_{i=1}^{25} \varepsilon_i^2 = \sum_{i=1}^{25} (b_i - \hat{b}_i)^2 = \sum_{i=1}^{25} (b_i - c_0 - c_1 a_{i1} - c_2 a_{i2} - c_3 a_{i3})^2$$

达到最小。因此，令

$$\frac{\partial Q}{\partial c_j} = 0 \quad (j = 0, 1, 2, 3)$$

得到正规方程组，求解正规方程组得 c_0, c_1, c_2, c_3 的估计值：

$$[\hat{c}_0, \hat{c}_1, \hat{c}_2, \hat{c}_3] = (\boldsymbol{X}^{\mathrm{T}} \boldsymbol{X})^{-1} \boldsymbol{X}^{\mathrm{T}} \boldsymbol{Y}$$

利用 MATLAB 程序，求得

$$\hat{c}_0 = 9.0181, \hat{c}_1 = 0.0091, \hat{c}_2 = 0.7559, \hat{c}_3 = 2.7891$$

（2）因变量 y 与自变量 x_1, x_2, x_3 之间是否存在线性关系是需要检验的。如果所有的 $|\hat{c}_j|(j = 1, 2, 3)$ 都很小，则 y 与 x_1, x_2, x_3 的线性关系就不明显，所以可令原假设为

$$H_0^{(j)}: c_j = 0 \quad (j = 0, 1, 2, 3)$$

记 $m = 3, n = 25, Q = \sum_{i=1}^{n} e_i^2 = \sum_{i=1}^{n} (b_i - \hat{b}_i)^2, U = \sum_{i=1}^{n} e_i^2 = \sum_{i=1}^{n} (b_i - \bar{b}_i)^2$，这里 $\hat{b}_i = \hat{c}_0 + \hat{c}_1 a_{i1} + \cdots + \hat{c}_m a_{im} (i = 1, \cdots, n)$，$\bar{b}_i = \sum_{i=1}^{n} b_i$。当 H_0 成立时，统计量为

$$F = \frac{U/m}{Q/(n-m-1)} \sim F(m, n-m-1)$$

在显著水平 α 下，若

$$F_{1-\alpha/2}(m, n-m-1) < F < F_{\alpha/2}(m, n-m-1)$$

则接受 H_0，否则拒绝。

利用 MATLAB 程序求得统计量 $F = 38.0244$，查表得上 $\alpha/2$ 分位数 $F_{0.025}(3, 21) = 3.8188$，因而拒绝原假设，模型整体上通过了检验。

当 H_0 被拒绝时，β_j 不全为 0，但是不排除其中若干等于 0。所以进一步作如下 $m+1$ 个检验：

$$H_0^{(j)}: c_j = 0 \quad (j = 0, 1, \cdots, m)$$

当 $H_0^{(j)}$ 成立时，有：

$$t_j = \frac{\hat{\beta}_j / \sqrt{c_{jj}}}{\sqrt{Q/(n-m-1)}} \sim t(n-m-1)$$

式中，c_{jj} 为 $(\boldsymbol{X}^{\mathrm{T}} \boldsymbol{X})^{-1}$ 中的第 (j, j) 个元素，对给定的 α，若 $|t_j| < t_{\frac{\alpha}{2}}(n-m-1)$，则接受 $H_0^{(j)}$，否则拒绝。

利用 MATLAB 程序，求得统计量：

$$t_0 = 0.4891, t_1 = 0.5618, t_2 = 7.9354, t_3 = 3.2862$$

查表得上 $\alpha/2$ 分位数 $F_{0.025}(21) = 2.0796$。

对于 H_0 检验，在显著性水平 $\alpha = 0.05$ 时，接受 $H_0^{(j)}: c_j = 0(j = 0, 1)$，拒绝 $H_0^{(j)}: c_j = 0(j = 2, 3)$，即变量 x_1 对模型的影响是不显著的。建立线性模型时，可以不使用 x_1。

把全部原始数据（包括 13 行后面的空行）复制并保存到纯文本文件 v. txt 中。

问题（1）和（2）的 MATLAB 程序如下：

```
clc
clear
ab=textread('Data6_1. txt');
```

```
y＝ab(：，[2：5：10])；%提取因变量 y 的观察值
Y＝nonzeros(y)%去掉 v 后面的 0 并变成列向量
x123＝[ab([1：13]，[3：5])；ab([1：12]，[8：10])]；%提取 x1，x2，x3 的观察值
X＝[ones(25，1)，x123]；%构造多元线性回归分析的数据矩阵 X
[beta，betaint，r，rint，st]＝regress(Y，X)%计算回归系数和统计量等，st 的第 2 个量就是 F 统
计量
%下面根据统计量的表达式重新计算的结果和这里是一样的
q＝sum(r.^2)%计算残差平方和
ybar＝mean(Y)%计算 y 的观察值的平均值
yhat＝X * beta；%计算 y 的估计值
u＝sum((yhat－ybar).^2)%计算回归平方和
m＝3；%变量的个数，拟合参数的个数为 m ＋1
n＝length(Y)；%样本点的个数
F＝u/m/(q/(n－m－1))%计算 F 统计量的值，自由度为样本点的个数减拟合参数的个数
fwl＝finv( 0.025，m，n－m－1)%计算上 1 －alpha/2 分位数
fw2＝finv( 0.975，m，n－m－1)%计算上 alpha/2 分位数
c＝diag(inv(X' * X)) %计算 c(j，j)的值
t＝beta. /sqrt(c)/sqrt(q/(n －m －1))%计算 t 统计量的值
tfw＝tinv(0.975，n －m －1) %号计算 t 分布的上 alpha/2 分位数
save xydata Y x123 %把 Y 和 x123 保存到 mat 文件 xydata 中
```

注：在 regress 的第 5 个返回值中包含 F 统计量的值，不需单独计算。regress 的返回值中不包括 t 统计量的值，由于假设检验和参数的区间估计是等价的，regress 的第 2 个返回值是各参数的区间，因此如果某参数 i 区间估计包含零点，则该参数对应的变量是不显著的。

（3）使用 MATLAB 的用户图形界面解法求解，选取的模型是完全二次模型，模型为

$$y＝-10.2488＋0.4032x_1＋1.7821x_2＋17.1204x_3－0.2244x_1x_2$$
$$-0.4404x_1x_3－1.2754x_2x_3＋0.0217x_1^2＋0.8468x_2^2＋1.0092x_3^2$$

MATLAB 程序如下：

```
load xydata. mat
rstool(x123，Y)
```

6.1.3　非线性回归

非线性回归是指因变量 y 对回归系数 β_1，…，β_m（而不是自变量）是非线性的。MATLAB 统计工具箱中的命令 nlinfit、nlparci、nlpredci、nlintool，不仅可以给出拟合的回归系数及其置信区间，而且可以给出预测值及其置信区间等。下面通过例题说明这些命令的用法。

【例 6 - 2】 在研究化学动力学反应过程中，建立了一个反应速度和反应物含量的数学模型，形式为

$$y = \frac{\beta_4 x_2 - \dfrac{x_3}{\beta_5}}{1 + \beta_1 x_1 + \beta_2 x_2 + \beta_3 x_3}$$

式中，$\beta_1, \cdots, \beta_5$ 为未知的参数；x_1, x_2, x_3 为三种反应物(氢，n 戊烷，异构戊烷)的含量；y 为反应速度。今测得一组数据如表 6-2 所示，试由此确定参数 $\beta_1, \cdots, \beta_5$，并给出其置信区间。$\beta_1, \cdots, \beta_5$ 的参考值为[0.1, 0.05, 0.02, 1, 2]。

表 6-2 反应数据

序号	反应速度 y	氢 x_1	n 戊烷 x_2	异构戊烷 x_3	序号	反应速度 y	氢 x_1	n 戊烷 x_2	异构戊烷 x_3
1	8.55	470	300	10	8	4.35	470	190	65
2	3.79	285	80	10	9	13.00	100	300	54
3	4.82	470	300	120	10	8.50	100	300	120
4	0.02	470	80	120	11	0.05	100	80	120
5	2.75	470	80	10	12	11.32	285	300	10
6	14.39	100	190	10	13	3.13	285	190	120
7	2.54	100	80	65					

解 首先，以回归系数和自变量为输入变量，将拟合的模型写成匿名函数。然后，用 nlinfit 计算回归系数，用 nlparci 计算回归系数的置信区间，用 nlpredci 计算预测值及其置信区间，编写如下 MATLAB 程序：

```
clc, clear
xy0=[8.55 470 300 10
     3.79 285 80 10
     4.82 470 300 120
     0.02 470 80 120
     2.75 470 80 10
     14.39 100 190 10
     2.54 100 80 65
     4.35 470 190 65
     13.00 100 300 54
     8.50 100 300 120
     0.05 100 80 120
     11.32 285 300 10
     3.13 285 190 120];
x=xy0(:,[2:4]);
y=xy0(:,1);
huaxue=@(beta,x)(beta(4)*x(:,2)-x(:,3)/beta(5))./(1+beta(1)*x(:,1)+...
beta(2)*x(:,2)+beta(3)*x(:,3));  %用匿名函数定义要拟合的函数
beta0=[0.1,0.05,0.02,1,2]';  %回归系数的初值
[beta,r,j]=nlinfit(x,y,huaxue,beta0);  %可使用的信息
betaci=nlparci(beta,r,'jacobian',j);  %计算回归系数的置信区间
[yhat,delta]=nlpredci(huaxue,x,beta,r,'jacobian',j)  %计算 Y 的预测值及置信区间半径
```

用 nlintool 得到一个交互式画面，左下方的 Export 可向工作空间传送数据，如剩余标准差等。使用命令：

```
nlintool(x, y, huaxue, beta0)
```

注意：这里 x、y、huaxue、beta0 必须在工作空间中，也就是说要把上面的程序运行一遍，再运行 nlintool 可看到画面，并向工作空间传送有关数据，如剩余标准差 rmse＝0.1933。

6.2　MATLAB 数理统计基础

数理统计研究的对象是受随机因素影响的数据，它是以概率论为基础的一门应用学科。数据样本少则几个，多则成千上万，人们希望能用少数几个包含其最多相关信息的数值来体现数据样本总体的规律。面对一批数据进行分析和建模，首先需要掌握参数估计和假设检验这两个数理统计的最基本方法，给定的数据满足一定的分布要求后，才能建立回归分析和方差分析等数学模型。

6.2.1　参数估计和假设检验

1. 区间估计

【例 6-3】　有一大批糖果，现从中随机地取 16 袋，称得质量（单位：g）如下：

$$506 \quad 508 \quad 499 \quad 503 \quad 504 \quad 510 \quad 497 \quad 512$$
$$514 \quad 505 \quad 493 \quad 496 \quad 506 \quad 502 \quad 509 \quad 496$$

设袋装糖果的质量近似地服从正态分布，试求总体均值 μ 的置信度为 0.95 的置信区间。

解　μ 的一个置信水平为 $1-\alpha$ 的置信区间为 $\left[\overline{X} \pm \dfrac{S}{\sqrt{n}} t_{\alpha/2}(n-1)\right]$。其中，$\overline{X}$ 为样本均值，S 为样本标准差，n 为样本容量。这里显著性水平 $\alpha＝0.05$，$\alpha/2＝0.025$，$n-1＝15$，$t_{0.025}(15)＝2.1315$，由给出的数据算得 $\overline{X}＝503.75$，$S＝6.2022$。计算得总体均值 μ 的置信水平为 0.95 的置信区间为 $(500.4451, 507.0549)$。

计算的 MATLAB 程序如下：

```
x0＝[506 508 499 503 504 510 497 512 514 505 493 496 506 502 509 496];
x0＝x0(:);
alpha＝0.05;
mu＝mean(x0);
sig＝std(x0);
n＝length(x0);
t＝[mu－sig/sqrt(n) * tinv(1－alpha /2, n－1), mu＋ sig/sqrt(n) * tinv(1－alpha/2, n－1)];
%以下命令 ttest 的返回值 ci 就直接给出了置信区间估计
[h, p, ci]＝ttest(x0, mu, 0.05)%通过假设检验也可求得置信区间
```

注：MATLAB 命令 ttest 实际上是进行单个总体方差未知 t 的检验，同时给出了参数的区间估计。

2. 经验分布函数

设 X_1，X_2，$\cdots$，X_n 是总体 F 的一个样本，用 $S(x)(-\infty < x < \infty)$ 表示 X_1，X_2，$\cdots$，X_n 中小于 x 的随机变量的个数。定义经验分布函数 $F_n(x)$ 为

$$F_n(x) = \frac{1}{n}S(x) \quad (-\infty < x < \infty) \tag{6-25}$$

对于一个样本值，经验分布函数 $F_n(x)$ 的观察值是很容易得到的。

一般地，设 x_1，x_2，$\cdots$，x_n 是总体 F 的一个容量为 n 的样本值。先将 x_1，x_2，$\cdots$，x_n 按自小到大的次序排列，并重新编号。设为

$$x_{(1)} \leqslant x_{(2)} \leqslant \cdots \leqslant x_{(n)} \tag{6-26}$$

则经验分布函数 $F_n(x)$ 的观察值为

$$F_n(x) = \begin{cases} 0 & (x < x_{(1)}) \\ \dfrac{k}{n} & (x_{(1)} \leqslant x < x_{(k)}) \\ 1 & (x \geqslant x_{(k)}) \end{cases} \tag{6-27}$$

对于经验分布函数 $F_n(x)$，格里汶科(Glivenko)在 1933 年证明：当 $n \to \infty$ 时 $F_n(x)$ 以概率 1 一致收敛于总体分布函数 $F(x)$。因此，对于任一实数 x，当 n 充分大时，经验分布函数的任一个观察值 $F_n(x)$ 与总体分布函数 $F(x)$ 只有微小的差别，从而在实际应用上可当作 $F(x)$ 来使用。

3. Q-Q 图

Q-Q 图(Quantile-Quantile Plot)是检验拟合优度的好方法，目前在国外被广泛使用，它的图示方法简单直观，易于使用。

对于一组观察数据 x_1，x_2，$\cdots$，x_n 利用参数估计方法确定了分布模型的参数 θ 后，分布函数 $F(x; \theta)$ 就知道了。如果拟合效果好，观测数据的经验分布就应当非常接近分布模型的理论分布，而经验分布函数的分位数自然也应当与分布模型的理论分位数近似相等。Q-Q 图的基本思想就是基于这个观点，将经验分布函数的分位数点和分布模型的理论分位数点作为一对数组画在直角坐标图上，就是一个点。n 个观测数据对应 n 个点，如果这 n 个点看起来像一条直线，说明观测数据与分布模型的拟合效果很好。以下简单地给出计算步骤。

判断观测数据 x_1，x_2，$\cdots$，x_n 是否来自分布函数 $F(x)$，Q-Q 图的计算步骤如下：

(1) 将 x_1，x_2，$\cdots$，x_n 依大小顺序排列成 $x_{(1)} \leqslant x_{(2)} \leqslant \cdots \leqslant x_{(n)}$。

(2) 取 $y_i = F^{-1}((i-1/2)/n)(i=1, 2, \cdots, n)$。

(3) 将 $(y_i, x_{(i)})(i=1, 2, \cdots, n)$ 这 n 个点画在直角坐标图上。

(4) 如果这 n 个点看起来呈一条 45° 角的直线，从 $(0, 0)$ 到 $(1, 1)$ 分布，则 x_1，x_2，$\cdots$，x_n 拟合分布函数 $F(x)$ 的效果很好。

4. 非参数检验

1) χ^2 拟合优度检验

若总体 X 是离散型的，则建立待检假设 H_0：总体 X 的分布律为 $P\{X = x_i\} = p_i(i = 1, 2, \cdots)$。

若总体 X 是连续型的，则建立待检假设 H_0：总体 X 的概率密度为 $F(x)$。

χ^2 拟合优度检验的步骤如下：

(1) 建立待检假设 H_0：总体 X 的分布函数为 $F(x)$。

(2) 在数轴上选取 $k-1$ 个分点 t_1，t_2，$\cdots$，t_{k-1}，将数轴分成 k 个区间 $(-\infty, t_1)$，$[t_1, t_2]$，$\cdots$，$[t_{k-2}, t_{k-1}]$，$[t_{k-1}, +\infty)$，令 p_i 为分布函数 $F(x)$ 的总体 X 在第 i 个区间内取值的概率，设 m_i 为 n 个样本观察值中落入第 i 个区间上的个数，也称为组频数。

(3) 选取统计量 $\chi^2 = \sum\limits_{i=1}^{k} \dfrac{(m_i - np_i)^2}{np_i}$，如果 H_0 为真，则 $\chi^2 \sim \chi^2(k-1-r)$，其中 r 为分布函数 $F(x)$ 中未知参数的个数。

(4) 对于给定的显著性水平 α，确定 χ_α^2，使其满足 $P\{\chi^2(k-1-r) > \chi_\alpha^2\} = \alpha$，并且依据样本计算统计量 χ^2 的观察值。

(5) 作出判断：若 $\chi^2 < \chi_\alpha^2$，则接受 H_0；否则拒绝 H_0，即不能认为总体 X 的分布函数为 $F(x)$。

2）柯尔莫哥洛夫（Kolmogorov-Smirnov），K-S 检验

χ^2 拟合优度检验实际上是检验 $p_i = F_0(a_i) - F_0(a_{i-1}) = p_{i0}(i = 1, 2, \cdots, k)$ 的正确性，并未直接检验原假设的分布函数 $F_0(x)$ 的正确性；柯尔莫哥洛夫检验直接针对原假设 H_0：$F(x) = F_0(x)$，这里分布函数 $F(x)$ 必须是连续型分布。柯尔莫哥洛夫检验基于经验分布函数（或称样本分布函数）作为检验统计量，检验理论分布函数与样本分布函数的拟合优度。

设总体 X 服从连续分布 X_1，X_2，$\cdots$，X_n，是来自总体 X 的简单随机样本，F_n 为经验分布函数，根据大数定律，当 n 趋于无穷大时，经验分布函数 $F_n(x)$ 依概率收敛于总体分布函数 $F(x)$。定义 $F_n(x)$ 到 $F(x)$ 的距离为

$$D_n = \sup_{-\infty < x < +\infty} |F_n(x) - F(x)| \tag{6-28}$$

当 n 趋于无穷大时，D_n 依概率收敛到 0。检验统计量建立在 D_n 的基础上。

柯尔莫哥洛夫检验的步骤如下：

(1) 原假设和备择假设

$$H_0: F(x) = F_0(x), \quad H_1: F(x) \neq F_0(x) \tag{6-29}$$

(2) 选取检验统计量

$$D_n = \sup_{-\infty < x < +\infty} |F_n(x) - F(x)| \tag{6-30}$$

当 H_0 为真时，D_n 有偏小趋势，则拟合得越来越好；

当 H_0 为假时，D_n 有偏大趋势，则拟合得越来越差。

在 $F_0(x)$ 为连续分布的假定下，当原假设为真时，$\sqrt{n}D_n$ 的极限分布为

$$\lim_{n \to \infty} P\{\sqrt{n}D_n \leqslant t\} = 1 - 2\sum\limits_{i=1}^{\infty} (-1)^{i-1} e^{-2i^2 t^2} \quad (t > 0) \tag{6-31}$$

推导检验统计量的分布时，使用 $\sqrt{n}D_n$ 比 D_n 方便。在显著性水平 α 下，一个合理的检验是：如果 $\sqrt{n}D_n > k$，其中 k 是合适的常数，则拒绝原假设。

(3) 确定拒绝域。给定显著性水平 α，查 D_n 极限分布表，求出 t_α 满足

$$P\{\sqrt{n}D_n \geqslant t_\alpha\} = \alpha \tag{6-32}$$

作为临界值，即拒绝域为 $[t_a, +\infty)$。

（4）作判断。计算统计量的观察值，如果检验统计量 $\sqrt{n}D_n$ 的观察值落在拒绝域中，则拒绝原假设，否则不拒绝原假设。

注：对于固定的 α 值，我们需要知道该 α 值下检验的临界值。常用的是在统计量为 D_n 时，n 为样本的个数，各个 α 值所对应的临界值如下：在 $\alpha = 0.1$ 的显著性水平下，检验的临界值是 $1.22/\sqrt{n}$；在 $\alpha = 0.05$ 的显著性水平下，检验的临界值是 $1.36/\sqrt{n}$；在 $\alpha = 0.01$ 的显著性水平下，检验的临界值是 $1.63/\sqrt{n}$。当由样本计算出来的 D_n 值小于临界值时，说明不能拒绝原假设，所假设的分布是可以接受的；当由样本计算出来的 D_n 值大于临界值时，拒绝原假设，即所假设的分布是不能接受的。

3）秩和检验

秩和检验用于检验假设 H_0：两个总体 X 与 Y 有相同的分布。

设分别从 X、Y 两总体中独立抽取大小为 n_1 和 n_2 的样本，设 $n_1 \leqslant n_2$，其检验步骤如下：

（1）将两个样本混合起来，按照数值大小统一排序，由小到大，每个数据对应的序数称为秩。

（2）计算取自总体 X 的样本所对应的秩之和，用 T 表示。

（3）根据 n_1、n_2 与水平 α，查秩和检验表，得秩和下限 T_1 与上限 T_2。

（4）如果 $T \leqslant T_1$ 或 $T \geqslant T_2$，则否定检验假设 H_0，认为 X，Y 两总体分布有显著差异。否则认为 X、Y 两总体分布在水平 α 下无显著差异。

秩和检验的依据：如果两总体分布无显著差异，那么 T 不应太大或太小，以 T_1 和 T_2 为上、下限的话，则 T 应在这两者之间；如果 T 太大或太小，则认为两总体的分布有显著差异。

6.2.2　非参数 Bootstrap 方法

Bootstrap 方法是 Efron 在 20 世纪 70 年代后期建立的。设总体分布 F 未知，但已知有一个容量为 n 的来自总体分布 F 的数据样本，自这一样本按放回抽样的方法抽取一个容量为 n 的样本，这种样本称为 Bootstrap 样本或称为自助样本。相继地、独立地自原始样本中抽取很多个 Bootstrap 样本，利用这些样本对总体分布 F 进行统计推断，这种方法称为非参数 Bootstrap 方法，又称自助法。非参数 Bootstrap 方法可以用于当人们对总体知之甚少的情况，它是近代统计中的一种用于数据处理的重要实用方法。这种方法的实现需要在计算机上做大量的计算，随着计算机计算能力的增长，它已成为一种流行的方法。

1. 估计量的标准误差的 Bootstrap 估计

在估计总体未知参数 θ 时，人们不但要给出 θ 的估计量 $\hat{\theta}$，还需指出这一估计量 $\hat{\theta}$ 的精度。通常我们用估计量 $\hat{\theta}$ 的标准差 $\sqrt{D(\hat{\theta})}$ 来度量估计量的精度。估计量 $\hat{\theta}$ 的标准差 $\sigma_{\hat{\theta}} = \sqrt{D(\hat{\theta})}$ 也称为估计量 $\hat{\theta}$ 的标准误差。

设 $X_1, X_2, \cdots, X_n$ 是来自以 $F(x)$ 为分布函数的总体样本，θ 是未知参数，用 $\hat{\theta} = \hat{\theta}(X_1, X_2, \cdots, X_n)$ 作为 θ 的估计量，在应用中 $\hat{\theta}$ 的抽样分布很难处理，$\hat{\theta}$ 的标准差

$\sqrt{D(\hat{\theta})}$ 常常没有一个简单的表达式，不过可以用计算机模拟的方法来求得 $\sqrt{D(\hat{\theta})}$ 的估计量。为此，自 F 产生很多容量为 n 的样本(如 B 个)，对于每一个样本计算 $\hat{\theta}$ 的值，得 $\hat{\theta}_1$，$\hat{\theta}_2$，…，$\hat{\theta}_B$，则 $\sqrt{D(\hat{\theta})}$ 可以用

$$\hat{\sigma}_{\hat{\theta}} = \sqrt{\frac{1}{B-1}\sum_{i=1}^{B}(\hat{\theta}_i - \bar{\theta})^2} \qquad (6-33)$$

来估计，其中 $\bar{\theta} = \frac{1}{B}\sum_{i=1}^{B}\hat{\theta}_i$，然而 F 常常是未知的，这样就无法产生模拟样本，需要采用另外的方法。

设分布 F 未知，x_1，x_2，…，x_n 是来自 F 的样本值，F_n 是相应的经验分布函数。当 n 很大时，F_n 接近 F。用 F_n 代替上一段中的 F，在 F_n 中抽样，如此得到一个容量为 n 的样本 x_1^*，x_2^*，…，x_n^*，这就是 Bootstrap 样本。用 Bootstrap 样本按上一段中计算估计 $\hat{\theta}^* = \hat{\theta}(x_1, x_2, …, x_n)$ 那样，求出 θ 的估计 $\hat{\theta}^* = \hat{\theta}(x_1^*, x_2^*, …, x_n^*)$，估计 $\hat{\theta}^*$ 称为 θ 的 Bootstrap 估计。相继地、独立地抽得 B 个 Bootstrap 样本，以这些样本分别求出 θ 的相应的 Bootstrap 估计如下：

Bootstrap 样本 1 x_1^*，x_2^*，…，x_n^*，Bootstrap 估计 $\hat{\theta}_1^*$；

Bootstrap 样本 2 x_1^{*2}，x_2^{*2}，…，x_n^{*2}，Bootstrap 估计 $\hat{\theta}_2^*$；

Bootstrap 样本 B x_1^{*B}，x_2^{*B}，…，x_n^{*B}，Bootstrap 估计 $\hat{\theta}_B^*$。

则 $\bar{\theta}^*$ 的标准误差 $\sqrt{D(\hat{\theta})}$ 就以

$$\hat{\sigma}_{\hat{\theta}} = \sqrt{\frac{1}{B-1}\sum_{i=1}^{B}(\hat{\theta}_i^* - \bar{\theta}^*)^2} \qquad (6-34)$$

来估计，其中 $\bar{\theta}^* = \frac{1}{B}\sum_{i=1}^{B}\hat{\theta}_i$，上式就是 $\sqrt{D(\hat{\theta})}$ 的 Bootstrap 估计。

综上所述得到求 $\sqrt{D(\hat{\theta})}$ 的 Bootstrap 估计的步骤如下：

(1) 自原始数据样本 x_1，x_2，…，x_n 按放回抽样的方法，抽得容量为 n 的样本 x_1^*，x_2^*，…，x_n^*(称为 Bootstrap 样本)。

(2) 相继地、独立地求出 $B(B \geqslant 1000)$ 个容量为 n 的 Bootstrap 样本 x_1^{*i}，x_2^{*i}，…，$x_n^{*i}(i=1, 2, …, B)$。对于第 i 个 Bootstrap 样本计算估值 $\hat{\theta}^* = \hat{\theta}(x_1^{*i}, x_2^{*i}, …, x_n^{*i})$，$(i=1, 2, …, B)$。

(3) 计算：

$$\hat{\sigma}_{\hat{\theta}} = \sqrt{\frac{1}{B-1}\sum_{i=1}^{B}(\hat{\theta}_i^* - \bar{\theta}^*)^2}$$

式中，$\bar{\theta}^* = \frac{1}{B}\sum_{i=1}^{B}\hat{\theta}_i$。

2. 估计量的均方误差的 Bootstrap 估计

设 $X = (X_1, X_2, …, X_n)$ 是来自总体 F 的样本，总体 F 未知，$R(X)$ 是 X 的函数，F_n 是相应的经验分布函数。假设 $R(X)$ 的某些特征如 R 的数学期望是 E_F，按照上面所说的三

个步骤进行，只是在第(2)步中对于第 i 个 Bootstrap 样本 $x_i^* = (x_1^{*i}, x_2^{*i}, \cdots, x_n^{*i})$，计算 $R_i^* = R_i^*(x_i^*)$ 代替计算 θ_i^*，且在第(3)步中计算感兴趣的 $R(X)$ 的特征。例如计算 $R(X)$ 的数学期望 E_F 为

$$E_*(R^*) = \frac{1}{B} \sum_{i=1}^{B} R_i^* \qquad (6-35)$$

3. Bootstrap 的置信区间

下面介绍一种求未知参数 θ 的 Bootstrap 置信区间的方法。

设 $X = (X_1, X_2, \cdots, X_n)$ 是来自总体 F 容量为 n 的样本，$x = (x_1, x_2, \cdots, x_n)$ 是一个已知的样本值。F 中含有未知参数 $\theta = \hat{\theta}(X_1, X_2, \cdots, X_n)$，$\hat{\theta}$ 是 θ 的估计量。求 θ 的置信水平为 $1-\alpha$ 的置信区间。

相继地、独立地从样本 $x = (x_1, x_2, \cdots, x_n)$ 中抽出 B 个容量为 n 的 Bootstrap 样本，对于每个 Bootstrap 样本求出 θ 的 Bootstrap 估计 $\hat{\theta}_1^*, \hat{\theta}_2^*, \cdots, \hat{\theta}_B^*$。将它们自小到大排序，得

$$\hat{\theta}_{(1)}^* \leqslant \hat{\theta}_{(2)}^* \leqslant \cdots \leqslant \hat{\theta}_{(B)}^*$$

取 $R(X) = \hat{\theta}$，用对应的 $R(X^*) = \hat{\theta}^*$ 的分布作为 $R(X)$ 分布的近似，求出 $R(X^*)$ 分布的近似分位数 $\hat{\theta}_{\alpha/2}^*$ 和 $\hat{\theta}_{1-\alpha/2}^*$，使

$$P\{\hat{\theta}_{\alpha/2}^* < \hat{\theta}^* < \hat{\theta}_{1-\alpha/2}^*\} = 1-\alpha \qquad (6-36)$$

近似得

$$P\{\hat{\theta}_{\alpha/2}^* < \hat{\theta} < \hat{\theta}_{1-\alpha/2}^*\} = 1-\alpha \qquad (6-37)$$

记 $k_1 = \left[B \times \dfrac{\alpha}{2}\right]$，$k_2 = \left[B \times \left(1-\dfrac{\alpha}{2}\right)\right]$，在上式中以 $\hat{\theta}_{k_1}^*$ 和 $\hat{\theta}_{k_2}^*$ 分别作为分位数 $\hat{\theta}_{\alpha/2}^*$ 和 $\hat{\theta}_{1-\alpha/2}^*$ 的估计，得到近似式：

$$P\{\hat{\theta}_{k_1}^* < \theta < \hat{\theta}_{k_2}^*\} = 1-\alpha \qquad (6-38)$$

于是由式(6-38)得到 θ 的置信水平为 $1-\alpha$ 的近似置信区间 $(\hat{\theta}_{k_1}^*, \hat{\theta}_{k_2}^*)$，这一区间称为 θ 的置信水平为 $1-\alpha$ 的 Bootstrap 置信区间。这种求置信区间的方法称为分位数法。

6.3　多元数据相关分析

多元分析(Multivariate Analysis)是多变量的统计分析方法，是数理统计中应用广泛的一个重要分支，其内容庞杂，视角独特，方法多样，深受工程技术人员的青睐，在很多工程领域有着广泛应用。多元分析在应用过程中不断被完善和创新。

6.3.1　聚类分析

将认识对象进行分类是人类认识世界的一种重要的方法。比如对有关世界时间进程的研究，就形成了历史学；对有关世界空间地域的研究，就形成了地理学。又如在生物学中，为了研究生物的演变，需要对生物进行分类，生物学家根据各种生物的属性，将它们归属于不同的界、门、纲、目、科、属、种之中。事实上，分门别类地对事物进行研究，比在一个混杂多变的集合中研究更清晰、明了和细致，这是因为同一类事物具有更多的近似特性。

通常，人们可以凭经验和专业知识来实现分类。而聚类分析（Cluster Analysis）作为一种定量方法，将从数据分析的角度，给出一个更准确、细致的分类工具。聚类分析又称群分析，是对多个样本（或指标）进行定量分类的一种多元统计分析方法。对样本进行分类称为 Q 型聚类分析，对指标进行分类称为 R 型聚类分析。

Q 型聚类分析（Q-Type Cluster）是把所有观察对象按一定性质进行分类，把性质相近的对象分在同一类，把性质差异较大的对象分到另一类。主要根据不同对象（如样本）之间距离远近（计算方法如欧几里得距离等）进行区分，近者分为一类，远者分成不同类。如把不同个体的人分成不同群体或类别，主要采用此聚类方法。

R 型聚类（R-Type Cluster）是根据不同变量之间相关程度高低进行分类。研究中，若变量较多且相关性较强时，可以使用 R 型聚类法把变量分为几个大类，同一类变量之间有较强的相关性，不同类变量之间相关程度较低，并可以从同类变量中找出一典型变量作为代表，最终减少变量个数达到降维目的。如对学生评价中，衡量学生特征的变量有很多，由于相互之间关系存在亲疏远近，最终可以整合为德智体等几个主要方面进行测定。

6.3.2　主成分分析

主成分分析（Principal Component Analysis）是 1901 年 Pearson 对非随机变量引入的一种统计方法。1933 年 Hotelling 将此方法推广到随机变量的情形，主成分分析和聚类分析有很大的不同，它有严格的数学理论基础。

主成分分析的主要目的是用较少的变量去解释原始变量中的大部分变异，将许多相关性很高的变量转化成彼此相互独立或不相关的变量。通常是选出比原始变量个数少，能解释大部分变量中变异的几个新变量，即所谓主成分，并用以解释变量的综合性指标。由此可见，主成分分析实际上是一种降维方法。

如果用 $x_1, x_2, \cdots, x_p$ 表示 p 门课程，$c_1, c_2, \cdots, c_p$ 表示各门课程的权重，那么加权之和：

$$s = c_1 x_1 + c_2 x_2 + \cdots + c_p x_p \qquad (6-39)$$

选择适当的权重能更好地区分学生的综合成绩。每个学生都对应一个这样的综合成绩，记为 $s_1, s_2, \cdots, s_n$，n 为学生人数。如果这些值很分散，就表明区分得好，就是说，需要寻找这样的加权，能使 $s_1, s_2, \cdots, s_n$ 尽可能分散，下面来看它的统计定义。

设 $X_1, X_2, \cdots, X_p$ 表示 $x_1, x_2, \cdots, x_p$ 为样本观测值的随机变量，如果能找到 $c_1, c_2, \cdots, c_p$，使得

$$\mathrm{Var}(c_1 X_1 + c_2 X_2 + \cdots + c_p X_p) \qquad (6-40)$$

的值达到最大（Var 表示方差）。由于方差反映了数据差异的程度，因此，当方差值达到最大时，表明我们抓住了 p 个变量的最大变异。当然，式（6-40）必须加上某种限制，否则权值可选择无穷大而没有意义，通常规定

$$c_1^2 + c_2^2 + \cdots + c_p^2 = 1 \qquad (6-41)$$

在此约束下，求式（6-40）的最优解。这个解是 p 维空间的一个单位向量，它代表一个"方向"，就是常说的主成分方向。

一个主成分不足以代表原来的 p 个变量，因此需要寻找第二个乃至第三个、第四个主

成分。第二个主成分不应该再包含第一个主成分的信息，统计上的描述就是让这两个主成分的协方差为 0，几何上就是这两个主成分的方向正交。具体确定各个主成分的方法如下。

设 Z_i 表示第 i 个主成分，$i=1,2,\cdots,p$，可设

$$\begin{cases}
Z_1 = c_{11}X_1 + c_{12}X_2 + \cdots + c_{1p}X_p \\
Z_2 = c_{21}X_1 + c_{22}X_2 + \cdots + c_{2p}X_p \\
\quad\vdots \\
Z_p = c_{p1}X_1 + c_{p2}X_2 + \cdots + c_{pp}X_p
\end{cases} \tag{6-42}$$

式中，对每一个 i，均有 $c_{i1}^2 + c_{i2}^2 + \cdots + c_{ip}^2 = 1$，且 $[c_{11},c_{12},\cdots,c_{1p}]$ 使得 $\mathrm{Var}(Z_1)$ 的值达到最大；$[c_{21},c_{22},\cdots,c_{2p}]$ 不仅垂直于 $[c_{11},c_{12},\cdots,c_{1p}]$，而且使 $\mathrm{Var}(Z_2)$ 的值达到最大；$[c_{31},c_{32},\cdots,c_{3p}]$ 同时垂直于 $[c_{11},c_{12},\cdots,c_{1p}]$ 和 $[c_{21},c_{22},\cdots,c_{2p}]$，并使 $\mathrm{Var}(Z_3)$ 的值达到最大；以此类推可得全部 p 个主成分，这项工作用手做是很烦琐的，但借助于计算机很容易完成。如何确定主成分的个数，应考虑下面几个事项。

（1）主成分分析的结果受量纲的影响。由于各变量的单位可能不一样，如果各自改变量纲，则结果会不一样，这是主成分分析的最大问题。在实际应用中可以先把各变量的数据标准化，然后使用协方差矩阵或相关系数矩阵进行分析。

（2）使方差达到最大的主成分分析不用转轴（统计软件常把主成分分析和因子分析放在一起，后者往往需要转轴，使用时应注意）。

（3）主成分的保留。用相关系数矩阵求主成分时，Kaiser 主张将特征值小于 1 的主成分予以放弃（这也是 SPSS 软件的默认值）。

（4）在实际研究中，由于主成分分析的目的是降维，减少变量的个数，故一般选取少量的主成分（不超过 5 个或 6 个），只要它们能解释变量变异的 70%～80%（称累积贡献率）即可。

6.3.3　因子分析

因子分析（Factor Analysis）是由英国心理学家 Spearman 在 1904 年提出，他成功地解决了智力测验得分的统计分析。长期以来，教育心理学家不断丰富、发展了因子分析理论和方法，并应用这一方法在行为科学领域进行了广泛的研究。因子分析是通过研究众多变量之间的内部依赖关系，探求观测数据中的基本结构，并用少数几个假想变量来表示其基本的数据结构。这几个假想变量能够反映原始变量的主要信息。原始变量是可观测的显在变量。假想变量是不可观测的潜在变量，称为因子。

设 p 个变量 $X_i(i=1,2,\cdots,p)$ 可以表示为

$$X_i = \mu_i + \alpha_{i1}F_1 + \cdots + \alpha_{im}F_m + \varepsilon_i \quad (m \leqslant p) \tag{6-43}$$

或

$$\begin{bmatrix} X_1 \\ X_2 \\ \vdots \\ X_p \end{bmatrix} = \begin{bmatrix} \mu_1 \\ \mu_2 \\ \vdots \\ \mu_p \end{bmatrix} + \begin{bmatrix} \alpha_{11} & \alpha_{12} & \cdots & \alpha_{1m} \\ \alpha_{21} & \alpha_{22} & \cdots & \alpha_{2m} \\ \vdots & \vdots & & \vdots \\ \alpha_{p1} & \alpha_{p2} & \cdots & \alpha_{pm} \end{bmatrix} \begin{bmatrix} F_1 \\ F_2 \\ \vdots \\ F_m \end{bmatrix} + \begin{bmatrix} \varepsilon_1 \\ \varepsilon_2 \\ \vdots \\ \varepsilon_p \end{bmatrix} \tag{6-44}$$

或

$$\boldsymbol{X} - \boldsymbol{\mu} = \boldsymbol{\Lambda F} + \boldsymbol{\varepsilon} \tag{6-45}$$

式中：

$$\boldsymbol{X} = \begin{bmatrix} X_1 \\ X_2 \\ \vdots \\ X_p \end{bmatrix}, \boldsymbol{\mu} = \begin{bmatrix} \mu_1 \\ \mu_2 \\ \vdots \\ \mu_p \end{bmatrix}, \boldsymbol{\Lambda} = \begin{bmatrix} \alpha_{11} & \alpha_{12} & \cdots & \alpha_{1m} \\ \alpha_{21} & \alpha_{22} & \cdots & \alpha_{2m} \\ \vdots & \vdots & & \vdots \\ \alpha_{p1} & \alpha_{p2} & \cdots & \alpha_{pm} \end{bmatrix}, \boldsymbol{F} = \begin{bmatrix} F_1 \\ F_2 \\ \vdots \\ F_m \end{bmatrix}, \boldsymbol{\varepsilon} = \begin{bmatrix} \varepsilon_1 \\ \varepsilon_2 \\ \vdots \\ \varepsilon_p \end{bmatrix}$$

其中，称 F_1，F_2，$\cdots$，F_m 为公共因子，是不可观测的变量，它们的系数称为载荷因子。ε_i 是特殊因子，是不能被前 m 个公共因子包含的部分。且满足

$$E(\boldsymbol{F}) = 0, \ E(\boldsymbol{\varepsilon}) = 0, \ \mathrm{Cov}(\boldsymbol{F}) = I_m \tag{6-46}$$

$$D(\boldsymbol{\varepsilon}) = \mathrm{Cov}(\boldsymbol{\varepsilon}) = \mathrm{diag}(\sigma_1^2, \sigma_2^2, \cdots, \sigma_m^2), \ \mathrm{Cov}(\boldsymbol{F}, \boldsymbol{\varepsilon}) = 0 \tag{6-47}$$

因子分析可以看成主成分分析的推广，它也是多元统计分析中常用的一种降维方式，因子分析所涉及的计算与主成分分析很类似，但差别也很明显：

（1）主成分分析把方差划分为不同的正交成分；因子分析则把方差划归为不同的起因因子。

（2）主成分分析仅仅是变量变换，因子分析需要构造因子模型。

（3）主成分分析中原始变量的线性组合表示新的综合变量，即主成分。因子分析中潜在的假想变量和随机影响变量的线性组合表示原始变量。

因子分析与回归分析不同，因子分析中的因子是一个比较抽象的概念，而回归变量有非常明确的实际意义。

6.3.4 判别分析

判别分析(Discriminant Analysis)是根据所研究个体的观测指标来推断该个体所属类型的一种统计方法，是在自然科学和社会科学研究中经常会碰到的统计问题。例如，在地质找矿中根据某异常点的地质结构、化探和物探的各项指标来判断该异常点属于哪一种矿化类型；医生根据某人的各项化验指标的结果来判断属于什么病症；调查某地区的土地生产率、劳动生产率、人均收入、费用水平、农村工业比例等指标，确定该地区属于哪一种经济类型地区等。该方法起源于 1921 年 Pearson 的种族相似系数法，1936 年 Fisher 提出线性判别函数，并形成把一个样本归类到两个总体之一的判别法。

判别分析用统计的语言来表达，就是已有 q 个总体 X_1，X_2，$\cdots$，X_q，它们的分布函数分别为 $F_1(x)$，$F_2(x)$，$\cdots$，$F_q(x)$，每个 $F(x)$ 都是 p 维函数。对于给定的样本 $\boldsymbol{X}$，要判别它来自哪一个总体。判别准则在某种意义下应是最优的(如错判的概率最小或错判的损失最小等)。最基本的判别方法有距离判别、Fisher 判别和 Bayes 判别。

1. 距离判别

距离判别最是简单、直观的一种判别方法，该方法适用于连续性随机变量的判别类，对变量的概率分布没有限制。

设 $\boldsymbol{x}$、$\boldsymbol{y}$ 是从均值为 $\boldsymbol{\mu}$、协方差为 $\boldsymbol{\Sigma}$ 的总体 $\boldsymbol{A}$ 中抽取的样本，则总体内两点 $\boldsymbol{x}$ 与 $\boldsymbol{y}$ 的 Mahalanobis 距离(简称马氏距离)定义为

$$d(\boldsymbol{x}, \boldsymbol{y}) = \sqrt{(\boldsymbol{x} - \boldsymbol{y})^{\top} \boldsymbol{\Sigma}^{-1} (\boldsymbol{x} - \boldsymbol{y})} \tag{6-48}$$

定义样本 $\boldsymbol{x}$ 与总体 $\boldsymbol{A}$ 的 Mahalanobis 距离为

$$d(\boldsymbol{x}, \boldsymbol{A}) = \sqrt{(\boldsymbol{x} - \boldsymbol{\mu})^{\mathrm{T}} \boldsymbol{\Sigma}^{-1} (\boldsymbol{x} - \boldsymbol{\mu})} \tag{6-49}$$

2. Fisher 判别

Fisher 判别的基本思想是投影,即将表面上不易分类的数据通过投影到某个方向上,使得投影类与类之间得以分离的一种判别方法。

Fisher 判别仅考虑两总体的情况,设两个 p 维总体为 $\boldsymbol{X}_1$、$\boldsymbol{X}_2$,且都有二阶矩存在。Fisher 的判别思想是变换多元观测 $\boldsymbol{x}$ 到一元观测 $\boldsymbol{y}$,使得由总体 $\boldsymbol{X}_1$、$\boldsymbol{X}_2$ 产生的 $\boldsymbol{y}$ 尽可能地分离开来。

设在 p 维的情况下,$\boldsymbol{x}$ 的线性组合 $\boldsymbol{y} = \boldsymbol{a}^{\mathrm{T}} \boldsymbol{x}$,其中 $\boldsymbol{a}$ 为 p 维实向量。设 $\boldsymbol{X}_1$、$\boldsymbol{X}_2$ 的均值向量分别为 $\boldsymbol{\mu}_1$、$\boldsymbol{\mu}_2$(均为 p 维),且有公共的协方差矩阵 $\boldsymbol{\Sigma}(\boldsymbol{\Sigma} > \boldsymbol{0})$,那么线性组合 $\boldsymbol{y} = \boldsymbol{a}^{\mathrm{T}} \boldsymbol{x}$ 的均值为

$$\begin{cases} \mu_{y_1} = E(\boldsymbol{y} \mid \boldsymbol{y} = \boldsymbol{a}^{\mathrm{T}} \boldsymbol{x}, \boldsymbol{x} \in \boldsymbol{X}_1) = \boldsymbol{a}^{\mathrm{T}} \boldsymbol{\mu}_1 \\ \mu_{y_2} = E(\boldsymbol{y} \mid \boldsymbol{y} = \boldsymbol{a}^{\mathrm{T}} \boldsymbol{x}, \boldsymbol{x} \in \boldsymbol{X}_2) = \boldsymbol{a}^{\mathrm{T}} \boldsymbol{\mu}_2 \end{cases} \tag{6-50}$$

其方差为

$$\sigma_y^2 = \mathrm{Var}(\boldsymbol{y}) \boldsymbol{a}^{\mathrm{T}} \boldsymbol{\Sigma} \boldsymbol{a} \tag{6-51}$$

考虑

$$\frac{(\mu_{y_1} + \mu_{y_2})^2}{\sigma_y^2} = \frac{[\boldsymbol{a}^{\mathrm{T}}(\boldsymbol{\mu}_1 + \boldsymbol{\mu}_2)]^2}{\boldsymbol{a}^{\mathrm{T}} \boldsymbol{\Sigma} \boldsymbol{a}} = \frac{(\boldsymbol{a}^{\mathrm{T}} \boldsymbol{\delta})^2}{\boldsymbol{a}^{\mathrm{T}} \boldsymbol{\Sigma} \boldsymbol{a}} \tag{6-52}$$

式中,$\boldsymbol{\sigma} = \boldsymbol{\mu}_1 - \boldsymbol{\mu}_2$ 为两总体均值向量差,根据 Fisher 的思想,要选择 $\boldsymbol{a}$ 使得式(6-52)达到最大。

3. Bayes 判别

Bayes 判别和 Bayes 估计的思想方法是一样的,即假定对研究对象已经有一定的认识,这种认识常用先验概率描述。当取得一个样本后,用这个样本来修正已有的先验概率分布,得出后验概率分布,再通过后验概率分布进行各种统计推断。

设有两个总体 X_1 和 X_2,根据某一个判别规则,将实际上为 X_1 的个体误判为 X_2 或者将实际上为 X_2 的个体误判为 X_1 的概率就是误判概率。一个好的判别规则应该使误判概率最小。除此之外还有一个误判损失问题或者误判产生的花费(Cost)问题,如把 X_1 的个体误判到 X_2 的损失比把 X_2 的个体误判到 X_1 严重得多,则人们在作前一种判断时就要特别谨慎。例如在药品检验中,把有毒的样品判为无毒的后果比把无毒样品判为有毒严重得多。因此一个好的判别规则还必须使误判损失最小。

6.3.5　典型相关分析

通常情况下,为了研究两组变量:

$$[x_1, x_2, \cdots, x_p], \quad [y_1, y_2, \cdots, y_q]$$

的相关关系,可以用最原始的方法,分别计算两组变量之间的全部相关系数,一共有 $p \times q$ 个简单相关系数,这样既烦琐又不能抓住问题的本质。如果能够采用类似于主成分的思想,分别找出两组变量各自的某个线性组合,讨论线性组合之间的相关关系,则更简捷。

首先分别在每组变量中找出一对线性组合,使其具有最大相关性,即

$$\begin{cases} u_1 = \alpha_{11}x_1 + \alpha_{21}x_2 + \cdots + \alpha_{p1}x_p \\ v_1 = \beta_{11}y_1 + \beta_{21}y_2 + \cdots + \beta_{p1}y_q \end{cases} \qquad (6-53)$$

然后在每组变量中找出第二对线性组合，使其分别与本组内的第一对线性组合不相关，第二对线性组合本身具有次大的相关性，有

$$\begin{cases} u_2 = \alpha_{12}x_1 + \alpha_{22}x_2 + \cdots + \alpha_{p2}x_p \\ v_2 = \beta_{12}y_1 + \beta_{22}y_2 + \cdots + \beta_{p2}y_q \end{cases} \qquad (6-54)$$

其中，u_2 与 u_1、v_2 与 v_1 不相关，但 u_2 与 v_2 相关。如此继续下去，直至进行到 r 步，两组变量的相关性被提取完为止，可以得到 r 组变量，这里 $r \leqslant \min(p, q)$。

6.3.6　对应分析

对应分析(Correspondence Analysis)是在 R 型和 Q 型因子分析基础上发展起来的多元统计分析方法，又称为 R - Q 型因子分析。

因子分析是用少数几个公共因子提取研究对象的绝大部分信息，既减少了因子的数目，又掌握了研究对象的相互关系。在因子分析中根据研究对象的不同，分为 R 型和 Q 型。当研究变量间的相互关系时采用 R 型因子分析；当研究样品间相互关系时则采用 Q 型因子分析。但无论是 R 型因子分析或 Q 型因子分析都不能很好地揭示变量和样品间的双重关系。另一方面，当样品容量 n 很大(如 $n > 1000$)，进行 Q 型因子分析时，计算 n 阶方阵的特征值和特征向量对于计算机而言，其容量和速度都是难以胜任的。此外，在进行数据处理时，为了将数量级相差很大的变量进行比较，常常先对变量作标准化处理。这种标准化处理对样品不好进行，换言之，这种标准化处理对于变量和样品是非对等的，这会给寻找 R 型因子和 Q 型因子之间的联系带来一定的困难。

针对上述问题，在 20 世纪 70 年代初，法国统计学家 Benzecri 提出了对应分析方法。这个方法是在因子分析的基础上发展起来的，它对原始数据采用适当的标度方法，把 R 型和 Q 型分析结合起来，同时得到两方面的结果——在同一因子平面上对变量和样品进行分类，从而揭示样品和变量间的内在联系。

对应分析由 R 型因子分析的结果可以很容易地得到 Q 型因子分析的结果，其不仅克服了样品量大时作 Q 型因子分析所带来的计算困难，而且把 R 型和 Q 型因子分析统一起来，把样品点和变量点同时反映到相同的因子轴上，便于对研究对象进行解释和推断。

由于 R 型因子分析和 Q 型因子分析均反映一个整体的不同侧面，因而它们之间一定存在内在的联系。对应分析的基本思想就是通过对应变换后的标准化矩阵 $\boldsymbol{B}$ 将两者有机地结合起来。

具体地说，首先给出变量间的协方差阵 $\boldsymbol{S}_R = \boldsymbol{B}^T\boldsymbol{B}$ 和样品间的协方差阵 $\boldsymbol{S}_Q = \boldsymbol{B}\boldsymbol{B}^T$，由于 $\boldsymbol{B}^T\boldsymbol{B}$ 和 $\boldsymbol{B}\boldsymbol{B}^T$ 有相同的非零特征值，记为 $\lambda_1 \geqslant \lambda_2 \geqslant \cdots \geqslant \lambda_m > 0$，如果 $\boldsymbol{S}_R$ 对应于特征值 λ_i 的标准化特征向量为 η_i，则 $\boldsymbol{S}_Q$ 对应于特征值 λ_i 的标准化特征向量为

$$\boldsymbol{\gamma}_i = \frac{1}{\sqrt{\lambda_i}}\boldsymbol{B}\eta_i \qquad (6-55)$$

由此可以很方便地由 R 型因子分析而得到 Q 型因子分析的结果。

由 $\boldsymbol{S}_R$ 的特征值和特征向量即可写出 R 型因子分析的因子载荷矩阵(记为 $\boldsymbol{A}_R$)和 Q 型因子分析的因子载荷矩阵(记为 $\boldsymbol{A}_Q$)

$$\begin{cases} A_R = \left[\sqrt{\lambda_1}\,\eta_1,\ \cdots,\ \sqrt{\lambda_m}\,\eta_m\right] = \begin{bmatrix} v_{11}\,\sqrt{\lambda_1} & v_{12}\,\sqrt{\lambda_2} & \cdots & v_{1m}\,\sqrt{\lambda_m} \\ v_{21}\,\sqrt{\lambda_1} & v_{22}\,\sqrt{\lambda_2} & \cdots & v_{2m}\,\sqrt{\lambda_m} \\ \vdots & \vdots & & \vdots \\ v_{p1}\,\sqrt{\lambda_1} & v_{p2}\,\sqrt{\lambda_2} & \cdots & v_{pm}\,\sqrt{\lambda_m} \end{bmatrix} \\[4mm] A_Q = \left[\sqrt{\lambda_1}\,\gamma_1,\ \cdots,\ \sqrt{\lambda_m}\,\gamma_m\right] = \begin{bmatrix} u_{11}\,\sqrt{\lambda_1} & u_{12}\,\sqrt{\lambda_2} & \cdots & u_{1m}\,\sqrt{\lambda_m} \\ u_{21}\,\sqrt{\lambda_1} & u_{22}\,\sqrt{\lambda_2} & \cdots & u_{2m}\,\sqrt{\lambda_m} \\ \vdots & \vdots & & \vdots \\ u_{p1}\,\sqrt{\lambda_1} & u_{p2}\,\sqrt{\lambda_2} & \cdots & u_{pm}\,\sqrt{\lambda_m} \end{bmatrix} \end{cases} \quad (6-56)$$

由于 S_R 和 S_Q 具有相同的非零特征值,这些特征值又正是各个公共因子的方差,因此可以用相同的因子轴同时表示变量点和样品点,即把变量点和样品点同时反映在具有相同坐标轴的因子平面上,以便对变量点和样品点一起考虑进行分类。

6.4　方 差 分 析

下面给出单因素试验的方差分析,双因素试验和多因素试验的方差分析是类似的。

设因素 A 有 s 个水平 $A_1,A_2,\cdots,A_s$,在水平 $A_j(j=1,2,\cdots,s)$下,进行 $n_j(n_j\geqslant2)$ 次独立试验,得出表 6-3 所示结果。

表 6-3　方差分析数据表

项　　目	A_1	A_2	$\cdots$	A_s
试验批号	X_{11}	X_{12}	$\cdots$	X_{1s}
	X_{21}	X_{22}	$\cdots$	X_{2s}
	$\vdots$	$\vdots$		$\vdots$
	$X_{n_1 1}$	$X_{n_2 2}$	$\cdots$	$X_{n_s s}$
样本总和 $T._j$	$T._1$	$T._2$	$\cdots$	$T._2$
	$A._1$	$A._2$	$\cdots$	$A._s$
样本均值 $\overline{X}._j$	$\overline{X}._1$	$\overline{X}._2$	$\cdots$	$\overline{X}._s$
总体均值	μ_1	μ_2	$\cdots$	μ_s

表 6-3 中,X_{ij} 为第 j 个等级进行第 i 次试验的可能结果,$i=1,2,\cdots,n_j$,记为

$$n = n_1 + n_2 + \cdots + n_s \qquad (6-57)$$

$$\overline{X}._j = \frac{1}{n_j}\sum_{i=1}^{n_j} X_{ij},\ T._j = \sum_{i=1}^{n_j} X_{ij},\ \overline{X} = \frac{1}{n}\sum_{j=1}^{s}\sum_{i=1}^{n_j} X_{ij},\ T.. = \sum_{j=1}^{s}\sum_{i=1}^{n_j} X_{ij} = n\overline{X} \qquad (6-58)$$

1. 方差分析的假设前提

(1) 对变异因素的某一个水平(如第 j 个水平)进行实验,把得到的观察值 X_{1j},X_{2j}, $\cdots,X_{nj}$ 看成是从正态总体 $N(\mu_j,\sigma^2)$ 中取得的一个容量为 n 的样本,且 μ_j、σ^2 未知。

（2）对于表示 s 个水平的 s 个正态总体的方差认为是相等的。

（3）由不同总体中抽取的样本相互独立。

2. 统计假设

提出待检假设：

$$H_0: \mu_1 = \mu_2 = \cdots = \mu_s = \mu \tag{6-59}$$

3. 检验方法

设

$$\begin{cases} S_T = \sum_{j=1}^{s} \sum_{i=1}^{n_j} (X_{ij} - \overline{X})^2 = \sum_{j=1}^{s} \sum_{i=1}^{n_j} X_{ij}^2 - \dfrac{T^2}{n} \\[4mm] S_E = \sum_{j=1}^{s} \sum_{i=1}^{n_j} (X_{ij} - \overline{X}_j)^2 = \sum_{j=1}^{s} \sum_{i=1}^{n_j} X_{ij}^2 - \sum_{j=1}^{s} \dfrac{T_j^2}{n_j} \\[4mm] S_A = S_T - S_E \end{cases} \tag{6-60}$$

若 H_0 为真，则检验统计量 $F = \dfrac{(n-s)S_A}{(s-1)S_E} \sim F(s-1, n-s)$，对于给定的显著性水平 α，查表确定临界值 F_α，使得 $p\left\{\dfrac{(n-s)S_A}{(s-1)S_E} > F_\alpha\right\} = \alpha$，依据样本值计算检验统计量 F 的观察值，并与 F_α 比较，最后得出结论：若检验统计量 F 的观察值大于临界值 F_α，则拒绝原假设 H_0；若 F 的值小于 F_α，则接受原假设 H_0。

【例 6-4】 某品牌有三台机器 A、B、C 生产同一产品，对每台机器观测 5 天。其日产量如表 6-4 所示，设各机器日产量服从正态分布，方差相等，三台日产量有无显著差异？（$\alpha = 0.05$）。

表 6-4 三台机器日产量数据表

天 数	日 产 量		
	A	B	C
1	41	65	45
2	48	57	51
3	41	54	56
4	49	72	48
5	57	64	48

解 设 μ_1、μ_2、μ_3 分别为 A、B、C 的平均日产量。

（1）原假设 $H_0: \mu_1 = \mu_2 = \cdots = \mu_s = \mu$，$\mu_1$、$\mu_2$、$\mu_3$ 不全相等。

（2）当 H_0 为真时，$F = \dfrac{(n-s)S_A}{(s-1)S_E} \sim F(s-1, n-s)$。

（3）此题中，$n = n_1 + n_2 + \cdots + n_s = 15$，$s = 3$，$\alpha = 0.05$。拒绝域为 $F > F_\alpha(s-1, n-3) = F_\alpha(2, 12) = 3.8853$。

$$S_T = \sum_{i=1}^{5} \sum_{j=1}^{3} X_{ij}^2 - \frac{T^2}{n} = 43\ 356 - 42\ 241.07 = 1114.93$$

$$S_E = \sum_{i=1}^{5} \sum_{j=1}^{3} X_{ij}^2 - \sum_{j=1}^{3} \frac{T_j^2}{n_j} = 43\ 356 - 42\ 908.8 = 447.2$$

$$S_A = S_T - S_E = 1114.93 - 447.2 = 667.73$$

$$F = \frac{S_A/(s-1)}{S_E/(s-1)} = \frac{667.73/2}{447.2/12} = 8.9589 > 3.8853$$

(4) 结论：拒绝 H_0，即认为这三台机器日产量存在显著差异。

MATLAB 程序如下：

```
clc; clear; close all
alpha=0.05;
a=[41 65 45
48 57 51
41 54 56
49 72 48
57 64 48];
[p, t, st]=anova1(a);
F=t{2,5}%显示 F 统计量的值
fa=finv(1-alpha, t{2,3}, t{3,3})%计算临界值
```

程序输出结果如下：

来源 SS	df	MS	F	p 值(F)
列　　667.73	2	333.867	8.96	0.0042
误差 447.2	12	37.267		
合计 1114.93	14			

6.5　工程实际案例

【例 6-5】　在铂催化剂上，乙烯深度氧化的动力学方程可表示为

$$r = \frac{k p_A p_B}{(1 + K_B p_B)^2} \tag{6-61}$$

式中，p_A、p_B 分别表示乙烯及氧的分压，k 为反应速率常数，K_B 为吸附平衡常数。

在 473 K 等温下的实验数据如表 6-5 所示。

表 6-5　实 验 数 据 表

序号	$p_A(\times 10^3)$/MPa	$p_B(\times 10^3)$/MPa	$r(\times 10^4)$/[mol/(g·min)]
1	8.99	3.23	0.672
2	14.22	3	1.072
3	8.86	4.08	0.598

序号	$p_A(\times 10^3)$/MPa	$p_B(\times 10^3)$/MPa	$r(\times 10^4)$/[mol/(g·min)]
4	8.32	2.03	0.713
5	4.37	0.89	0.61
6	7.75	1.74	0.834
7	7.75	1.82	0.828
8	6.17	1.73	0.656
9	6.13	1.73	0.694
10	6.98	1.56	0.791
11	2.87	1.06	0.418

考虑乙烯的分压对乙烯的深度氧化程度进行拟合分析。

解 （1）输入数据向量：

```
x＝[8.990 14.22 8.860 8.320 4.370 7.750 7.750 6.170 6.130 6.980 2.870]；
y＝[0.672 1.072 0.598 0.713 0.610 0.834 0.828 0.656 0.694 0.791 0.418]；
```

（2）绘制二次多项式拟合曲线：

```
[p，s]＝polyfit(x，y，2)
x1＝1：1：10；
y1＝polyval(p，x1)；%计算多项式在取值点的值
subplot(1，3，1)，plot(x，y，'r--'，x1，y1，'ko')
```

（3）直线拟合分析：

```
function[k，b]＝linefit3(x，y)
n＝length(x)；
x＝reshape(x，n，1)；%生成列向量
y＝reshape(y，n，1)；
A＝[x，ones(n，1)]；
bb＝y；
B＝A'＊A；
bb＝A'＊bb；
yy＝B\bb；
k＝yy(1)；
b＝yy(2)；
end
```

（4）调用函数：

```
[k, b]=linefit3(x, y); %对给定的数据进行直线拟合
y2=polyval([k, b], x); %计算出多项式 x 对应 y 的值
subplot(1, 3, 2), plot(x, y2, x, y, '*'); %画出直线拟合曲线和测量点数据
title('乙烯的深度氧化程度')
xlabel('乙烯分压')
ylabel('乙烯的深度氧化程度')
```

（5）线性回归分析：

```
y1=mean(y); %样本平均
y2=nanmean(y); %算术平均
y3=geomean(y); %几何平均
y4=harmmean(y); %和谐平均
y5=trimmean(y, 1); %调整平均
```

（6）样本均值分析：

```
y1=mean(y); %样本平均
y2=nanmean(y); %算术平均
y3=geomean(y); %几何平均
y4=harmmean(y); %和谐平均
y5=trimmean(y, 1); %调整平均
```

（7）绘制均值曲线：

```
A(1, 1)=y1; A(1, 2)=y2; A(1, 3)=y3; A(1, 4)=y4; A(1, 5)=y5;
subplot(1, 3, 3), plot(A, 'k-') %绘制均值曲线
gtext('均值曲线')
title('样本均值分析')
xlabel('乙烯分压')
ylabel('乙烯的深度氧化程度')
```

（8）样本的方差分析：

```
miu=mean(y); %计算乙烯深度氧化的平均值
sigma=var(y, 1); %计算方差
```

运行结果如图 6-1 所示。

最终还可以得到样本的方差：miu＝0.7169，sigma＝0.0253。所以可得乙烯的深度氧化程度的平均值为 0.7169，方差为 0.0253。

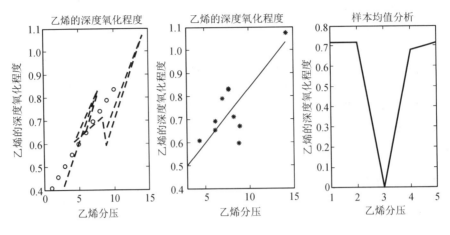

图 6-1　程序运行结果

1. 实验数据分析

由以上图像分析可得，乙烯分压对乙烯深度氧化影响较大，同时点数据在图像上显示较为分散。数据进行拟合时发现如进行多项式拟合误差比直线拟合的误差要大。根据以上实验数据，可以预测在乙烯分压增加的时候其氧化程度也会增加，同时在任意一点的深度氧化程度，可以通过直线拟合的函数值进行预估。

2. 误差分析

由题意可得，我们只考虑乙烯的分压，并未考虑氧的分压和两者的交互作用。考虑使用函数拟合应比实验数据会更加准确。同时数据具有局限性，实验本身会具有误差。

3. 总结

在选取数据的时候一定要考虑其误差，并不是数据越多越好。在具体问题中可以发现：数据点的变化趋势与拟合多项式的次数密不可分，数据点的数量在某种程度上也反映了多项式拟合的拟合度。

多项式拟合具有局限性，对于数据点范围之外的趋势不能做出很好的预测，是由于我们本次实验中选取了线性拟合，可以尝试使用非线性拟合，或者采用 STATISTICA 软件中的交互实验，同时选取乙烯分压和氧分压并且考虑交互作用，使用多软件处理可以验证我们的数据是否具有正确性。

我们采用的是正交多项式做的最小二乘法拟合，可以简便建模，避免求解线性方程组。就是当拟合的次数增加的时候，还需要增加循环递推次数。

在我们对一个综合问题做完数据拟合的时候，最好再对样本均值以及对样本的方差和协方差进行分析(在 MATLAB 中调用 miu＝mean，sigma＝var(y，1)以及 cov(y)，corrcoef(y)即可)。这样做可初步判定所做的拟合结果是否可靠。对于后期我们进行优化设计有很大帮助。

【例 6-6】　一批由同种原料织成的同一种布，用不同染整工艺处理，然后进行缩水率试验，考察染整工艺对缩水率的影响，在其他条件尽可能相同时测得缩水率(％)如表 6-6 所示。

表 6 - 6　缩水率实验数据　　　　　　　　　　　　%

重复次数	A_1	A_2	A_3	A_4	A_5
1	4.3	6.1	6.5	9.3	9.5
2	7.8	7.3	8.3	8.7	8.8
3	3.3	4.2	8.6	7.2	11.4
4	6.5	4.1	8.2	10.1	7.8

解　本例中，试验指标为缩水率，总体 X 是该批布中的每块布分别用 5 种不同的染整工艺处理后，缩水率的全体构成的集合，并假定 $X \sim N(\mu, \sigma^2)$。所考察的因素是 5 种不同的工艺 $A_1, A_2, \cdots, A_5$ 为因素的 5 个水平，并假定各水平相互独立，且水平 A_i 下的样本来自等方差的正态总体 $X_i \sim N(\mu, \sigma^2)(i=1, 2, \cdots, 5)$。就该批布中的任意 4 块分别考察 5 个水平上的缩水率，看作是 4 次重复试验。所要检验的假设是不同水平的均值间是否存在显著差异，或者是水平的变化是否对缩水率有显著影响。这是一个单因素方差分析问题。

将表 6 - 6 中数据整体复制到 Excel 表格中，然后再整体复制到 MATLAB 变量或用 xlsread 函数将复制到 Excel 中的数据读入 MATLAB。

MATLAB 二进制数据文件为 varance_dat.mat，可以使用 load 命令将其中的变量调入 MATLAB 的工作空间，相应的变量为 varance1_dat。单因素方差分析的 MATLAB 命令序列及相关说明如下：

％单因素方差分析，使用 anova1 函数

```
Data＝xlsread('varance_data. xlsx');
[P, table, stats]＝anova1(Data);
c＝multcompare(stats, 0.05);
```

上述程序返回成对比较的结果矩阵 C，也显示一个表示检验的交互式图表结果，矩阵 C 是一个 6 列的矩阵，第 1－2 列为样本序号，第 3－5 列为均值差的置信下限、估计值和置信上限，第 6 列为显著性概率。例如，在给定显著性水平为 0.05 时，假如 C 中某一行的内容为 2.0000 5.0000 －7.2340 －3.9500 －0.6660 0.0152，则表示对第 2 列的均值和第 5 列的均值进行比较，均值差的估计值为－3.9500，其 95％ 的置信区间为（－7.2340，－0.6660），显著性概率为 0.0152。由于置信区间端点同号（不包含 0），说明在显著性水平 0.05（大于 0.0152）下，两个均值的差异是显著的。如果置信区间端点异号（显著性概率大于 0.05），则说明在 0.05 的显著性水平上，两个均值的差异不显著。需要说明的是，低版本的 MATLAB 的 C 矩阵只有前 5 列，只能通过第 3 列和第 5 列构成的置信区间端点符号来判断相应的均值差别是否显著。

结果分析如下：

$P = 0.0000246 < 0.05$，说明染整工艺对缩水率有显著影响。事实上 $P < 0.01$，认为染整工艺对缩水率有极显著影响。

```
>> table
table=
  4×6 cell 数组
  {'来源'}    {'SS'      }    {'df'}    {'MS'      }    {'F'       }    {'p 值(F)'   }
  {'列'  }    {[135.1833]}    {[ 5]}    {[ 27.0367]}    {[ 12.5009]}    {[2.4600e−05]}
  {'误差'}    {[ 38.9300]}    {[18]}    {[  2.1628]}    {0×0 double}    {0×0 double  }
  {'合计'}    {[174.1133]}    {[23]}    {0×0 double}    {0×0 double}    {0×0 double  }
>> stats
stats=
包含以下字段的 struct:
    gnames:[6×1 char]
         n:[4 4 4 4 4 4]
    source:'anova1'
     means:[2.5000 5.4750 5.4250 7.9000 8.8250 9.3750]
        df:18
         s:1.4706
```

stats 结构中给出了用于多重比较的 5 个统计量，其中的第 3 项是样本均值也是我们必须关注的指标。从中我们可以直观地看出样本 1、2 与样本 5 的均值有较大差异。多重比较结果矩阵如下：

```
>> c
c=
    1.0000    2.0000    −6.2798    −2.9750     0.3298    0.0921
    1.0000    3.0000    −6.2298    −2.9250     0.3798    0.1007
    1.0000    4.0000    −8.7048    −5.4000    −2.0952    0.0007
    1.0000    5.0000    −9.6298    −6.3250    −3.0202    0.0001
    1.0000    6.0000   −10.1798    −6.8750    −3.5702    0.0000
    2.0000    3.0000    −3.2548     0.0500     3.3548    1.0000
    2.0000    4.0000    −5.7298    −2.4250     0.8798    0.2321
    2.0000    5.0000    −6.6548    −3.3500    −0.0452    0.0459
    2.0000    6.0000    −7.2048    −3.9000    −0.5952    0.0156
    3.0000    4.0000    −5.7798    −2.4750     0.8298    0.2147
    3.0000    5.0000    −6.7048    −3.4000    −0.0952    0.0417
    3.0000    6.0000    −7.2548    −3.9500    −0.6452    0.0141
    4.0000    5.0000    −4.2298    −0.9250     2.3798    0.9442
    4.0000    6.0000    −4.7798    −1.4750     1.8298    0.7161
    5.0000    6.0000    −3.8548    −0.5500     2.7548    0.9942
```

其中，第 3 行说明染整工艺 1 与工艺 4 的均值有显著差异，第 4、6、7 行表明工艺 1 与 5、2 与 4、2 与 5 的均值间有显著差异，其他水平的均值间无显著差异。

【例 6-7】　为研究某一化学反应过程温度对产品得率的影响，测得观测数据如表 6-7 所示，求 Y 关于 x 的回归方程 $u(x)$，并进行有关检验和预报。

表 6-7　某化学反应过程温度与得率观测值

温度 x/℃	100	110	120	130	140	150	160	170	180	190
得率 Y/%	45	51	54	61	66	70	74	78	85	89

解　程序如下：

```
x1＝[100：10：190]′;
y＝[45 51 54 61 66 70 74 78 85 89]′;
figure
plot(x1, y, 'k＊')％画数据散点图
hold on
x＝[ones(10, 1), x1];
[b, bint, r, rint, stats]＝regress(y, x);
x2＝[100：190];
plot(x2, b(1)＋b(2)＊x2)％画拟合图
figure
rcoplot(r, rint)％画残差图
```

程序输出结果如图 6-2、图 6-3 所示。

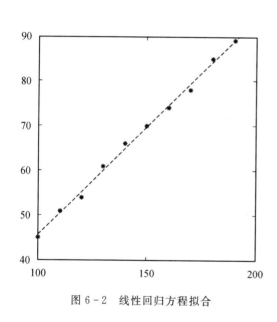

图 6-2　线性回归方程拟合

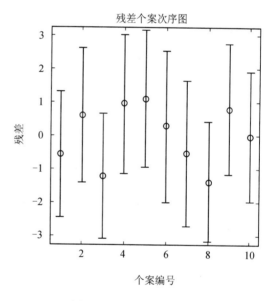

图 6-3　残差个案次序图

6.6　思　考　练　习

1. 对某种产品进行一项腐蚀加工试验，得到腐蚀时间 x(s)和腐蚀深度 y(μm)数据如表 6-8 所示。

表 6-8　已知数据

x/s	5	5	10	20	30	40	50	60	65	90	120
$y/\mu m$	4	6	8	13	16	17	19	25	25	29	46

假设 y 与 x 之间符合一元线性回归模型 $y = b_0 + b_1 x + e$。

(1) 建立线性回归方程；

(2) 在显著水平 $\alpha = 0.01$ 下检验 $H_0 : b_1 = 0$；

(3) 当 $x_0 = 75\ s$ 时，求腐蚀深度 y_0 的置信水平为 0.99 的置信区间；

(4) 给定 $1 - \alpha = 0.95$，使腐蚀深度在 $10 \sim 20\ \mu m$ 之间，应腐蚀多长时间？

2. 物体降落的距离 s 与时间 t 的关系如表 6-9 所示。

表 6-9　已知数据

t/s	1/30	2/30	3/30	4/30	5/30	6/30	7/30
s/cm	11.86	15.67	20.60	26.69	33.71	41.93	51.13
t/s	8/30	9/30	10/30	11/30	12/30	13/30	14/30
s/cm	61.49	72.90	85.44	99.08	113.77	129.54	146.48

求 s 关于 t 的回归方程 $s = a + bt + ct^2$。

3. 设某商品需求量与消费者的平均收入、商品价格的统计数据如表 6-10 所示，要求建立回归模型，预测平均收入为 1000、价格为 6 时的商品需求量。

表 6-10　已知数据

需求量(y)	100	75	80	70	50	65	90	100	110	60
收入(x_1)	1000	600	1200	500	300	400	1300	1100	1300	300
价格(x_2)	5	7	6	6	8	7	5	4	3	9

4. 将一块耕地 5 等分，每一块又分成均等的 4 个小区。现有 4 个品种的小麦在每一块地内随机分别种在 4 个区上，每个小区的播种量相同，测得收获量(kg)如表 6-11 所示，试以显著性水平 $\alpha_1 = 0.05$、$\alpha_2 = 0.01$ 考察品种和地块对收获量的影响是否显著。

表 6-11　已知数据

品种	B_1	B_2	B_3	B_4	B_5
A_1	32.3	34.0	34.7	36.0	35.5
A_2	33.2	33.6	36.8	34.3	36.1
A_3	30.8	34.4	32.3	35.8	32.8
A_4	29.5	26.2	28.1	28.5	29.4

第 7 章　最 优 化 设 计

　　最优化设计是从多种方案中选择最佳方案的设计方法。它以数学中的最优化理论为基础，以计算机为手段，根据设计所追求的性能目标，建立目标函数，在满足给定的各种约束条件下，寻求最优的设计方案。第二次世界大战期间，美国在军事上首先应用了优化技术。1967 年，美国的 R. L. 福克斯等发表了第一篇机构最优化论文。1970 年，C. S. 贝特勒等用几何规划解决了液体动压轴承的优化设计问题后，优化设计在机械设计中得到应用和发展。随着数学理论和电子计算机技术的进一步发展，优化设计已逐步形成为一门新兴的、独立的工程学科。

　　最优化设计在实际中有着广泛的应用，比如资源如何分配效益最高、拟合问题、最小最大值问题等。用最优化方法解决最优化问题的技术称之为最优化技术。

7.1　优化问题概述

　　工程优化设计在实际应用中包含着两个方面的内容，或者说需要两个重要的步骤：

　　(1) 建立数学模型：用数学语言来描述最优化问题，把实际问题转换成能够用数学表达式表示的形式，模型中的数学关系式反映了最优化问题的目标和各种约束，为理论研究打下坚实的基础。

　　(2) 数学求解：选择合理的最优化方法进行求解。

7.1.1　优化问题模型

　　优化问题的数学标准形式为

$$\min \quad f(\boldsymbol{X})$$

$$\text{s. t.} \begin{cases} \boldsymbol{A}\boldsymbol{X} \leqslant \boldsymbol{b} \\ \boldsymbol{A}_{eq}\boldsymbol{X} = \boldsymbol{b}_{eq} \\ c(\boldsymbol{X}) \leqslant 0 \\ c_{eq}(\boldsymbol{X}) = 0 \\ \boldsymbol{l}_b \leqslant \boldsymbol{X} \leqslant \boldsymbol{u}_b \end{cases}$$

其中，$\boldsymbol{X}$ 是待求变量；$\boldsymbol{A}$ 和 $\boldsymbol{b}$ 是线性不等式约束的系数向量，$\boldsymbol{A}_{eq}$ 和 $\boldsymbol{b}_{eq}$ 是线性等式约束的系数，$\boldsymbol{b}$ 和 $\boldsymbol{b}_{eq}$ 是向量，$\boldsymbol{A}$ 和 $\boldsymbol{A}_{eq}$ 是矩阵；$c(\boldsymbol{X})$ 和 $c_{eq}(\boldsymbol{X})$ 是返回向量的函数，分别是非线性不等式约束和非线性等式约束；$\boldsymbol{l}_b$ 和 $\boldsymbol{u}_b$ 是变量的上下限向量。

　　【例 7 - 1】　假设某种产品有 3 个产地 A_1、A_2、A_3，它们的产量分别为 100、170、200（单位为吨），该产品有 3 个销售地 B_1、B_2、B_3，各地的需求量分别是 120、170、180（单位为吨），把产品从第 i 个产地 A_i 运到第 j 个销售地 B_j 的单位运价（元/吨）如表 7 - 1 所示，如何安排从 A_i 到 B_j 的运输方案，才能满足各地销售的需求又能使总运费最小？

表 7-1 产地 A_i 运到第 j 个销售地 B_j 的单位运价表

	单位运价/元			产量/吨
	销售地 B_1	销售地 B_2	销售地 B_3	
产地 A_1	80	90	75	100
产地 A_2	60	85	95	170
产地 A_3	90	80	110	200
需求量/吨	120	170	180	470

解 这是一个产销平衡的实际问题,建立对应的数学模型过程如下:

设从 A_i 到 B_j 的运输量为 x_{ij},总运费的表达式为

$$80x_{11} + 90x_{12} + 75x_{13} + 60x_{21} + 85x_{22} + 95x_{23} + 90x_{31} + 80x_{32} + 110x_{33}$$

根据产量要求,建立如下所示的三个等式,作为总运费的约束式:

$$x_{11} + x_{12} + x_{13} = 100$$
$$x_{21} + x_{22} + x_{23} = 170$$
$$x_{31} + x_{32} + x_{33} = 200$$

再根据需求量要求,建立如下所示的三个等式,作为总运费另外的约束式:

$$x_{11} + x_{21} + x_{31} = 120$$
$$x_{12} + x_{22} + x_{32} = 170$$
$$x_{13} + x_{23} + x_{33} = 180$$

此外,在实际问题中,运输量不能为负值,所以有如下约束:

$$x_{ij} \geqslant 0 \quad (i, j = 1, 2, 3)$$

综上所述,此产销平衡问题的数学模型可以写为如下:

$$\min f(x) = 80x_{11} + 90x_{12} + 75x_{13} + 60x_{21} + 85x_{22} + 95x_{23} +$$
$$90x_{31} + 80x_{32} + 110x_{33}$$

此函数表达式就是我们要求的目标函数,其中,min 的含义求函数 $f(x)$ 的最小值,除此之外,该目标函数还有如下的约束条件和变量的定义域:

$$\text{s. t.} \begin{cases} x_{11} + x_{12} + x_{13} = 100 \\ x_{21} + x_{22} + x_{23} = 170 \\ x_{31} + x_{32} + x_{33} = 200 \\ x_{11} + x_{21} + x_{31} = 120 \\ x_{12} + x_{22} + x_{32} = 170 \\ x_{13} + x_{23} + x_{33} = 180 \\ x_{ij} \geqslant 0 \quad (i, j = 1, 2, 3) \end{cases}$$

需要说明的是对于某个解 X^*,如果满足可行域和约束集的任意 $f(X) \geqslant f(X^*)$ 均成

立,则称 X^* 为最优解(全局最优解);若只满足部分条件,则称 X^* 为局部最优解。全局最优解并不一定存在,通常情况下,求出的解只是一个局部最优解。

根据约束条件是否存在,优化问题分为无约束优化问题和有约束优化问题。当目标函数和约束函数均为线性函数时,称之为线性规划问题;当目标函数和约束函数至少有一个是非线性函数时,称之为非线性规划。根据决策变量、目标函数和要求不同,优化问题分为整数规划、动态规划、网络优化、非光滑规划、随机优化、几何规划、多目标规划等若干分支。

7.1.2 数学求解

根据数学模型变量的不同,可以把目前的求解方法分为如下两大类:

对于大部分单变量或者相对简单的数学模型,可以采用人工计算的方式进行,根据是否对目标函数求导,又可分为直接法和间接法。直接法不需要对目标函数进行求导,主要有消去法和多项式近似法。消去法利用单峰函数具有的消去性质进行反复迭代,逐渐消去不含极小点的区间,缩小搜索区间,指导搜索区间缩小到给定的允许精度为止。一种典型的消去法是黄金分割法。多项式近似法用于目标函数比较复杂的情况,此时寻找一个与他近似的函数代替目标函数,常用的近似函数为二次和三次多项式。间接法需要用到目标函数的导数。

利用 MATLAB 的自带函数(fminmax、fmincon、fminsearch)或者优化工具箱可以求解线性规划、非线性规划和多目标规划等的优化问题,具体而言,包括线性及非线性最小化、最大最小化、二次规划、半无限问题、线性及非线性方程组的求解、线性及非线性最小二乘问题。另外该工具箱还提供了曲线拟合、二次规划等问题中大型课题的求解方法,为优化方法在工程中的实际应用提供了更方便快捷的途径。随着人工智能的发展,很多智能优化算法也被提出来,如经典的遗传算法、粒子群算法、蚁群算法等,它们也被用到了优化问题的求解方面,用于那些传统方法很难求解的优化问题,这也是目前的一个趋势。

优化问题在使用 MATLAB 软件求解时应注意:

(1)目标函数最小化:一般都要求实现目标函数的最小值,如果优化问题是求最大值,可以通过求原目标函数的负值的最小化来实现,即 $-f(x)$ 最小化来实现。

(2)约束非正:一般都要求不等式约束形式为 $c(x) \leqslant 0$,通过对不等式的取负可以达到使大于零的约束形式变为小于零的不等式约束形式。

【例 7-2】 边长为 3 m 的正方形铁板,在 4 个角处减去四个相等的正方形以制成方形无盖水槽,如何剪才能使水槽容积最大?

解 根据题意,上述问题的数学模型为

$$\max f(x) = x(3-2x)^2$$

$$\text{s. t. } 0 < x < 1.5$$

这属于单变量优化问题,可以采用直接法进行计算得:

$$x_1 = 0.5, \ x_2 = 1.5(\text{舍去})$$

也可以采用 MATLAB 进行计算,需要将原最大值问题转化成最小值问题:

$$\min f(x) = -x(3-2x)^2$$
$$\text{s.t.} \ \ 0 < x < 1.5$$

在 MATLAB 命令行窗口输入以下命令，回车后运行结果如下：

```
>> x = fminbnd(@(x) - x * (3 - 2 * x).^2, 0, 1.5)
x =
    0.5000
```

7.1.3 非线性最小二乘优化问题

非线性最小二乘优化也叫无约束极小平方和函数问题，它是如下无约束极小问题，

$$\min S(\boldsymbol{x}) = \boldsymbol{f}^{\mathrm{T}}(\boldsymbol{x}) \boldsymbol{f}(\boldsymbol{x}) = \sum_{i=1}^{m} f_i^2(\boldsymbol{x})$$

例如：

$$\min S(\boldsymbol{x}) = (t - 2 + s^2)^2 + (t^2 + 1)^2$$

则

$$\boldsymbol{f}(\boldsymbol{x}) = \begin{bmatrix} t - 2 + s^2 \\ t^2 + 1 \end{bmatrix}$$

其中 $\boldsymbol{x} = \begin{bmatrix} t & s \end{bmatrix}^{\mathrm{T}}$。如果 $\boldsymbol{f}(\boldsymbol{x})$ 为 $\boldsymbol{x}$ 的线性函数，即 $\boldsymbol{f}(\boldsymbol{x}) = \boldsymbol{C}\boldsymbol{x} + \boldsymbol{d}$，其中 $\boldsymbol{C}$ 为矩阵，$\boldsymbol{d}$ 为向量，此时问题变为线性最小二乘问题。对于线性最小二乘问题，其实质是 n 变量的二次规划问题，MATLAB 中对应有 lsqnonlin 函数求解线性最小二乘问题。

可以用前面介绍的无约束优化的各种方法来求解非线性最小二乘优化，但由于其特殊性，因此有其独有的解决方法。

【例 7-3】 采用 lsqnonlin 函数包，在已知 t 和 y 的前提下，实现下述简单指数函数衰减率的拟合

$$y = \exp(-1.3t) + \varepsilon$$

其中，t 的取值范围为 $0 \sim 3$，ε 表示均值为 0、标准差为 0.05 的正态分布噪声。

解 程序代码如下：

```
rng ('default')    %随机数种子固定
d = linspace(0, 3);
y = exp(-1.3 * d) + 0.05 * randn(size(d));
fun = @(r)exp(-d * r) - y;
x0 = 4；%给定初值
x = lsqnonlin(fun, x0);
plot(d, y, 'ro', d, exp(-x * d), 'k-', 'LineWidth', 1.5)
legend('已知数据', '拟合曲线')
xlabel('t')
ylabel('exp(-tx)')
```

拟合结果如图 7-1 所示。

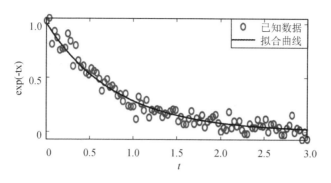

图 7 - 1　lsqnonlin 函数包拟合指数结果

7.2　MATLAB 中的优化工具箱

MATLAB 的优化工具箱提供了大量的优化方面的函数，使用这些函数及最优化求解器，可以寻找连续与离散优化问题的解决方案，执行折中分析，并将优化的方法结合到其算法和应用程序中。

1. 工具箱的功能

MATLAB 的优化工具箱主要用于解决以下问题：

（1）求解无约束条件下的非线性极小值。

（2）求解约束条件下的非线性极小值，包括目标逼近问题、极大-极小值问题以及半无限极小值问题。

（3）求解二次规划、线性规划和混合整型线性规划问题。

（4）实现非线性最小二乘逼近和曲线拟合。

（5）实现非线性系统的方程求解。

（6）实现约束条件下的线性最小二乘优化。

（7）求解复杂结构的大规模优化问题。

2. 工具箱的特色

MATLAB 每次进行产品升级，一般都对优化工具箱进行相应的升级。目前工具箱的功能已经变得非常强大，工具箱的主要特色有：

（1）优化函数具有简洁的函数表达式，多种优化算法可以任意选择。算法参数可自由进行设置，使得用户方便、灵活地使用优化函数。

（2）并行计算功能集成在优化工具箱的优化求解器中，使得用户充分利用可用的计算资源，在不对现有程序作大的改变的情况下，在多台计算机或集群计算机上进行密集型计算优化问题的求解。

（3）提供了定义和求解优化问题并监视求解进度的 Optimization App，可以方便地打开优化工具，进行优化问题的求解。

3. 工具箱的结构

MATLAB 中的传统工具箱(Optimization Toolbox)能实现局部最优。优化工具箱的结构如图 7 - 2 所示。

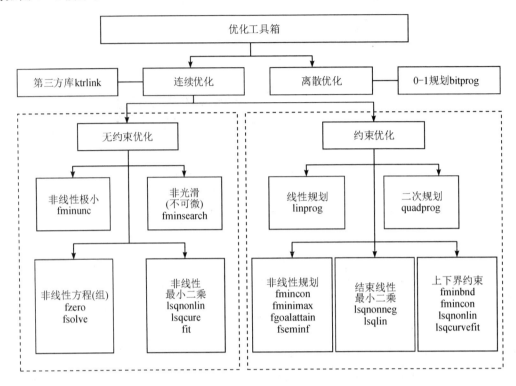

图 7 - 2　优化工具箱的结构图

从图 7 - 2 中可以看出优化工具箱的函数分布。对于优化的各个分类，MATLAB 的优化工具箱都提供了相应的函数实现，而且对于有的优化分类，MATLAB 提供了不止一个函数来求解。例如，对于约束优化问题，有 fmincon、fminbnd、fminimax 和 fseminf 等函数。MATLAB 之所以提供这么多函数，是出于效率的考虑，不用一个函数"包治百病"。

MATLAB 不仅力求将传统的优化算法做得尽善尽美，而且将一些现代优化算法也引进到全局优化工具箱中，如遗传算法、模拟退火算法等，这些算法在全局优化及近似优化方面有很好的效果。

全局优化工具箱提供的全局最优化算法包括：

1）全局搜索和多起点优化

全局搜索和多起点优化方法产生若干起始点，用局部求解器去找到起始点吸引盆处的最优点。

2）遗传算法

遗传算法（GA）用一组起始点（称为种群）通过迭代方法从种群中产生更好的点，只要初始种群覆盖几个盆，GA 就能检查几个盆。

3）模拟退火算法

模拟退火算法需要以一个初始点为起点，并将其作为当前解，对当前解进行随机扰动，产生一个新的点，只要这个点比前面那个好，则作为当前解。它也以一定的概率接受一个比较糟的点，目的是转向不同的盆，完成一个随机搜索。

4）模式搜索算法

模式搜索算法在接受一个点之前要看看其附近的一组点。假如附近的某些点属于同一个盆，则模式搜索算法进行定步长搜索；假如附近的某些点属于不同的盆，则模式搜索算法同时搜索若干盆。

7.3　优化函数的参数设置与定义

MATLAB 优化工具箱的主要函数如表 7-2 所示。

表 7-2　MATLAB 求解优化问题的主要函数

类　型	模　型	基 本 函 数
一元函数极小值	$\min F(x)$ s. t. $x_1 < x < x_2$	$x = \text{fminbnd}('F', x_1, x_2)$
无约束极小值	$\min F(x)$	$x = \text{fminunc}('F', x_0)$ $x = \text{fminsearch}('F', x_0)$
线性规划	$\min \boldsymbol{c}^{\mathrm{T}} \boldsymbol{x}$ s. t. $\boldsymbol{Ax} \leqslant \boldsymbol{b}$	$\boldsymbol{x} = \text{linprog}(\boldsymbol{c}, \boldsymbol{A}, \boldsymbol{b})$
0-1 整数规划	$\min F'(\boldsymbol{x})$ $\begin{cases} \boldsymbol{Ax} \leqslant \boldsymbol{b} \\ \boldsymbol{A}_{\text{eq}} \cdot \boldsymbol{x} = \boldsymbol{b}_{\text{eq}} \\ X_i = 0 \text{ 或 } 1 \end{cases}$	$\boldsymbol{x} = \text{binprog}(F)$
二次规划	$\min \dfrac{1}{2} \boldsymbol{x}^{\mathrm{T}} \boldsymbol{Hx} + \boldsymbol{c}^{\mathrm{T}} \boldsymbol{x}$ s. t. $\boldsymbol{Ax} \leqslant \boldsymbol{b}$	$\boldsymbol{x} = \text{quadprog}(\boldsymbol{H}, \boldsymbol{c}, \boldsymbol{A}, \boldsymbol{b})$
约束极小值 （非线性规划）	$\min F(x)$ s. t. $G(x) \leqslant 0$	$x = \text{fmincon}('FG', x_0)$
非线性最小二乘	$\min F^2(X) = \displaystyle\sum_{i=1}^{n} F_i^2(X)$	$x = \text{lsqnonlin}(F, x_0)$
目标达到问题	$\min r$ s. t. $F(x) - wr \leqslant \text{goal}$	$x = \text{fgoalattain}('F', x, \text{goal}, w)$
极小极大问题	$\min\limits_{x} \max\{F_i^2(x)\}$ s. t. $G(x) \leqslant 0$	$x = \text{fminimax}('FG', x_0)$

使用优化工具箱中的优化函数时,输入参数的定义如表7-3所示。

表7-3 输入参数的定义

变量	描　述	调 用 函 数
f	线性规划的目标函数 $f * x$ 或二次规划的目标函数 $x' * H * x + f * x$ 中线性项的系数向量	linprog, quadprog
fun	非线性优化的目标函数.fun 必须为行命令对象或 M 文件、嵌入函数、MEX 文件的名称	fminbnd, fminscarch, fminunc, fmincon, lsqcurvefit, lsqnonlin, fgoalattain, fminimax
H	二次规划的目标函数 $x * H * x + f * x$ 中二次项的系数矩阵	quadprog
A,b	A 矩阵和 b 向量分别为线性不等式约束 $Ax \leqslant b$ 中的系数矩阵和右端向量	linprog.quadprog, fgoalattain, fmincon, fminimax
A_{eq}, b_{eq}	A_{eq} 矩阵和 b_{eq} 向量分别为线性等式约束 $A_{eq} \cdot x = b_{eq}$ 中的系数矩阵和右端向量	linprog, quadprog, fgoalattain, fmincon, fiminimax
l_b,u_b	x 的下限和上限向量,$l_b \leqslant x \leqslant u_b$	linprog, quadprog, fgoalattain, fmincon, fminimax, lsqcurvefit, lsqnonlin
x_0	迭代初始点坐标	除 fminbnd 外的所有优化函数
x_1,x_2	函数最小化的区间	fminbnd
options	优化选项参数结构,定义用于优化函数的参数	所有优化函数

表7-3中,options 常用的几个参数如下:

(1) Display:结果显示方式。取值为 off 时,不显示任何结果;取值为 iter 时,显示每次迭代的信息;取值为 final 时,显示最终结果,默认值为 final;取值为 notify 时,只有当求解不收敛的时候才显示结果。

(2) MaxFunEvals:允许进行函数计算的最大次数,取值为正整数。

(3) MaxIter:允许进行迭代的最大次数,取值为正整数。

(4) TolFun:函数值(计算结果)的精度,取值为正数。

(5) TolX:自变量的精度,取值为正数。

控制参数 options 可以通过函数 optimset 创建或修改,常用格式如下:

(1) options=optimset('optimfun')

创建一个含有所有参数名并与函数 ontimfun 相关的默认值的选项结构 options。

(2) options=optimset('param1', value1, 'param2', value2, …)

创建一个名称为 options 的优化选项参数,其中指定的参数具有指定值,所有未指定的参数取默认值。

(3) options=optimset(oldops', param1', valuue1', param2', value2, …)

创建名称为 options 的参数的副本,指定的参数值修改为 oldops 中相应的参数。例如:

opts＝optimset('Display', 'iter', 'TolFun', 1e-7)

该语句创建一个 opts 的优化选项结构，其中显示参数设为 iter, TolFun 参数设为 1e-7。

除此之外，优化函数时的输出参数如表 7-4 所示。

表 7-4　优化函数时的输出参数

变量	描　　　　述	调 用 函 数
x	由优化函数求得的值。若 exitflag＞0，则 x 为解；否则，x 不是最终解，它只是迭代终止时优化过程的值	所有优化函数
fval	解 x 处的目标函数值	linprog, quadprog, fgoalattain, fmincon, fminimax, lsqcurvefit, lsqnonlin, fminbnd
exitflag	描述退出条件： (1) exitflag＞0，目标函数收敛于解 x 处。 (2) exitflag＝0，已达到函数评价或迭代的最大次数。 (3) exitflag＜0，目标函数不收敛	
output	包含优化结果信息的输出结构如下： (1) Iterations：迭代次数。 (2) Algorithm：所采用的算法。 (3) FuncCount：函数评价次数	所有优化函数

下面以寻找约束非线性多变量函数的最小值 fmincon 函数为例，说明该函数的使用方法，其他类似。格式如下：

$$[x \ \text{fval}]＝\text{fmincon}(\text{fun}, \boldsymbol{x}_0, \boldsymbol{A}, \boldsymbol{b}, \boldsymbol{A}_{\text{eq}}, \boldsymbol{b}_{\text{eq}}, \boldsymbol{l}_b, \boldsymbol{u}_b, \text{nonlcon}, \text{options})$$

说明： 对标数学模型的标准形式，如果某个约束条件不存在，则对应位置写成空矩阵的形式，如不存在不等式约束，则设置 $\boldsymbol{A}＝[\ ]$ 和 $\boldsymbol{b}＝[\ ]$。

【例 7-4】 求如下的线性约束优化问题：

$$\min f(x)＝0.5x_1^2＋x_2^2－x_1x_2－2x_1－6x_2$$

$$\text{s. t.} \begin{cases} x_1＋x_2 \leqslant 2 \\ －x_1＋2x_2 \leqslant 2 \\ 2x_1＋x_2 \leqslant 3 \\ x_1, x_2 \geqslant 0 \end{cases}$$

解　(1) 建立目标函数文件，命名为 my_fun1. m：

```
function y＝my_fun2(x)
    y＝0.5 * x1^2＋x2^2－x1 * x2－2 * x1－6 * x2;
end
```

(2) 调用函数 fmincon，在命令行窗口输入命令，其结果如下：

```
>> x0＝[0.5, 0];
>> A＝[1 1; －1 2; 2 1];
>> b＝[2; 2; 3];
>> lb＝[0, 0];
```

```
>> [x fval]=fmincon(@my_fun1, x0, A, b, [], [], lb)
x=
    0.6667    1.3333
fval=
    -8.2222
```

【例 7-5】 求如下的非线性约束优化问题：

$$\min f(x) = 100(x_1^2 - x_2)^2 + (1 - x_1)^2$$

$$\text{s.t.} \begin{cases} 1.5 + x_1 x_2 + x_1 - x_2 \leqslant 0 \\ 10 - x_1 x_2 \leqslant 0 \\ 0 \leqslant x_1 \leqslant 1 \\ 0 \leqslant x_2 \leqslant 13 \end{cases}$$

（1）建立目标函数文件，命名为 my_fun2.m：

```
function y=my_fun2(x)
    y=100 * (x1^2-x2)^2+(1-x1)^2;
end
```

（2）建立非线性约束文件，命名为 my_fun2_con.m：

```
function [c ceq]=my_fun2_con(x)
c=[1.5+x1 * x2+x1-x2;
    10-x1 * x2; ];
ceq=[];
end
```

（3）调用函数 fmincon，在命令行窗口输入命令，其结果如下：

```
>> x0=[-1, 2];
>> lb=[0, 0];
>> ub=[1, 13];
>> [x fval]=fmincon(@my_fun2, x0, [], [], [], [], lb, ub, @my_fun2_con)
x=
    0.8122    12.3122
fval=
    1.3578e+04
```

7.4 基于模拟退火算法的极值求解

在实际工程问题中，有的大型问题如果继续使用常见的算法求解就显得力不从心，需要使用带有启发信息的智能算法进行求解，如模拟退火算法（Simulate Anneal，SA）、遗传算法等，它们主要用于求 NP-hard 组合优化问题的全局最优解。本节主要介绍模拟退火算法。

7.4.1　模拟退火算法

模拟退火算法是一种通用的随机搜索算法，是对局部搜索算法的扩展，用来在一个大的搜寻空间内寻找最优解，它采用非导数优化方法。由于它对组合优化问题像对连续问题一样适用，因而近年来得到了广泛的关注。

模拟退火算法来源于固体退火原理，它的思想最早是由 Metropolis 等人提出的。模拟退火算法利用了物理中固体物质的退火过程与一般优化问题之间的相似性，即从某一初始温度开始，随着温度的不断下降，结合概率突跳特性在解空间中随机寻找目标函数的全局最优解。

模拟退火算法基本思想是：在一定温度下，搜索从一个状态随机地变化到另一个状态，温度不断下降，直到最低温度，搜索过程以概率 1 停留在最优解。

根据 Metropolis 准则，粒子在温度 T 时趋于平衡的概率为

$$e - \Delta E/(kT)$$

其中，E 为温度 T 时的内能，ΔE 为内能的改变量，k 为 Boltzmann 常数。

用固体退火原理模拟组合优化问题，将内能 E 模拟为目标函数值 f，温度 T 演化成控制参数 t，即得到解组合优化问题的模拟退火算法：由初始解 i 和控制参数初值 t 开始，对当前解重复“产生新解→计算目标函数差→接受或舍弃”的迭代，并逐步衰减 t 值，算法终止时的当前解即为所得的近似最优解，这是基于蒙特卡罗迭代求解法的一种启发式随机搜索过程。退火过程由冷却进度表(Cooling Schedule)控制，包括控制参数的初值 t 及其衰减因子 Δt、每个 t 值的迭代次数 L 和停止条件 S。

模拟退火算法中的基本概念如下：

1. 温度

温度是模拟退火算法的一个重要参数，它随着算法的迭代逐步下降，以模拟固体退火过程中的降温过程。一方面，温度用于限制 SA 产生的新解与当前解之间的距离，即 SA 的搜索范围；另一方面，温度决定了 SA 以多大的概率接受目标函数值比当前解的目标函数值差的新解。

2. 退火进度表

退火进度表是指温度随算法迭代的下降速度。退火过程越缓慢，SA 找到全局最优解的概率就越大。退火进度表包括初始温度及温度更新函数的参数。

3. Meteopolis 准则

Meteopolis 准则是指 SA 接受新解的概率。对于目标函数取最小值的问题，SA 接受新解的概率为

$$P(x \Rightarrow x') = \begin{cases} 1 & (f(x') < f(x)) \\ \exp\left[-\dfrac{f(x')-f(x)}{T}\right] & (f(x') \geqslant f(x)) \end{cases}$$

7.4.2　模拟退火算法的应用

在 MATLAB 中，提供了模拟退火算法的 simulannealbnd 函数，用于求解目标函数的

最小值，在使用时可以直接调用，其格式如下：

$$[\boldsymbol{x}\ \mathrm{fval}] = \mathrm{simulannealbnd}(\mathrm{fun}, \boldsymbol{x}_0, \boldsymbol{l}_b, \boldsymbol{u}_b, \mathrm{options})$$

说明：options 是对模拟退火算法进行的参数设置，其格式如下：

$$\mathrm{options} = \mathrm{saoptimset}\ (\ '\mathrm{param1}', \mathrm{value1}, '\mathrm{param2}', \mathrm{value2}, \dots)$$

其中，param 是设定的参数，如最大迭代次数、初始温度、绘图函数等；value 是 param 的具体值。

【例 7 - 6】 利用模拟退火算法求 Rastrigin 函数的最小值，其中 Rastrigin 函数的表达式如下：

$$f(x) = 20 + x_1^2 + x_2^2 - 10(\cos 2\pi x_1 + \cos 2\pi x_2)$$

Rastrigin 函数是 MATLAB 系统自带的函数，不用再自行编程，其调用名称为 rastriginsfcn。

在 MATLAB 命令行窗口输入以下命令，回车后运行结果如下所示：

```
clc，clear
>> x0=[1, 1];
>> lb=[-2, -2];
>> ub=[2, 2];
>> options=saoptimset ('MaxIter', 500, 'StallIterLim', 500, 'TolFun', 1e-100);
>> [x fval]=simulannealbnd(@rastriginsfcn, x0, lb, ub, options)
x=
    1.0e-03 *
    -0.1157    0.3421
fval=
    2.5875e-05
```

7.5　思考练习

1. 用优化工具求 $f(x) = x^2 + 4x - 6$ 的极小值，初始点取 $x = 0$。

2. 用优化工具求 $f(x) = |x^2 - 3x + 2|$ 的极小值，初始点取 $x = -7$，比较 fminunc 和 fminsearch 求出的结果。

3. 求 $z = x\mathrm{e}^{-(x^2 + y^2)}$ 的最小值，其中 $-10 \leqslant x, y \leqslant 10$。

4. 求 $\min f(x) = x_1^2 + x_2^2 + x_3^2 + 8$。

$$\mathrm{s.\,t.}\begin{cases} x_1^2 - x_2 + x_3^2 \geqslant 0 \\ x_1 - x_2^2 + x_3^2 \leqslant 20 \\ -x_1 - x_2^2 + 2 = 0 \\ x_2 + 2x_3^2 = 3 \\ x_1, x_2, x_3 \geqslant 0 \end{cases}$$

第 8 章　智 能 算 法

　　智能算法也称为软计算，是人们受自然（生物界）规律的启迪，利用仿生学原理进行设计（包括设计算法），这就是智能算法的思想。智能算法的内容很多，如粒子群算法、遗传算法和混合蛙跳算法等。

8.1　粒 子 群 算 法

8.1.1　理论基础

　　粒子群算法（Particle Swarm Optimization，PSO）是一种典型的进化算法，最早由 Kennedy 和 Eberhart 在 1995 年提出。该算法源于对鸟类捕食行为的研究。鸟类在捕食时，找到食物最简单有效的策略就是在周围区域搜寻当前距离食物最近的区域。PSO 算法是从这种生物种群行为特征中得到启发并用于求解优化问题的算法，算法中每个粒子都代表问题的一个潜在解，每个粒子对应一个由适应度函数决定的适应度值。粒子的速度决定了粒子移动的方向和距离，速度随自身及其他粒子的移动经验进行动态调整，从而实现个体在可解空间中的寻优。

　　在 PSO 算法中，每个优化问题的解都是搜索空间中的一只鸟，被抽象为没有质量和体积的微粒，并将其延伸到 N 维空间。粒子 i 在 D 维空间里的位置表示为一个矢量，每个粒子的飞行速度也表示为一个矢量。所有的粒子都有一个由被优化的函数决定的适应值（fittness），每个粒子还有一个速度，用以决定它们飞翔的方向和距离。粒子知道自己到目前为止发现的最优位置（Pbest）和现在的位置，这个可以看作粒子自己的飞行经验。除此之外，每个粒子还知道到目前为止整个群体中所有粒子发现的最优位置（Gbest），这个可以看作粒子同伴的经验。粒子在解空间中运动，通过跟踪个体极值 Pbest 和群体极值 Gbest 更新个体位置。个体极值 Pbest 是指个体粒子搜索到的适应度最优位置；群体极值 Gbest 是指种群中的所有粒子搜索到的适应度最优位置。粒子每更新一次位置，就计算一次适应度值，并且通过比较新粒子的适应度值和个体极值、群体极值的适应度值，更新个体极值 Pbest 和群体极值 Gbest 的位置。

　　假设在一个 D 维的搜索空间中，由 n 个粒子组成的种群 $X=(X_1, X_2, \cdots, X_n)$，其中第 i 个粒子表示为一个 D 维的向量 $X_i=(x_{i1}, x_{i2}, \cdots, x_{iD})^T$，$X_i$ 代表第 i 个粒子在 D 维搜索空间中的位置，亦代表问题的一个潜在解。根据目标函数即可计算出每个粒子位置对应的适应度值。第 i 个粒子的速度 $V_i=(V_{i1}, V_{i2}, \cdots, V_{iD})^T$，其个体极值 $P_i=(P_{i1}, P_{i2}, \cdots, P_{iD})^T$，种群的群体极值 $P_g=(P_{g1}, P_{g2}, \cdots, P_{gD})^T$。

　　在每次迭代过程中，粒子通过个体极值和群体极值更新自身的速度和位置，即

$$\begin{cases} V_{id}^{k+1} = \omega V_{id}^{k} + c_1 r_1 (P_{id}^{k} - X_{id}^{k}) + c_2 r_2 (P_{gd}^{k} - X_{id}^{k}) \\ X_{id}^{k+1} = X_{id}^{k} + V_{k+1id} \end{cases}$$

其中，ω 为惯性权重；$d=1,2,\cdots,D$；$i=l,2,\cdots,n$；k 为当前的迭代次数；V_{id} 为粒子的速度；c_1 和 c_2 是非负常数，称为加速度因子；r_1 和 r_2 是分布于[0，1]区间的随机数。为防止粒子的盲目搜索，一般建议将其位置和速度限制在一定的区间[$-X_{\max}$，$X_{\max}$][$-V_{\max}$，$V_{\max}$]内。

8.1.2   在多模态函数寻优中的应用

多模态函数一般是具有多个局部最优值但只有一个全局最优值的函数。例如：

$$f(x) = \frac{\sin\sqrt{x^2+y^2}}{\sqrt{x^2+y^2}} + e^{\frac{\cos 2\pi x + \cos 2\pi y}{2}} - 2.712\,89$$

多模态函数图形如图 8-1 所示。

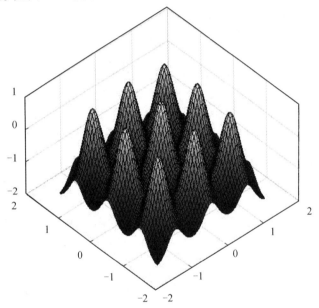

图 8-1   多模态函数图形

从函数图形中可以看出，该函数有很多局部极大值点，而极限位置为(0，0)。在(0，0)附近取得极大值，极大值约为 1.0054。

基于 PSO 算法的函数极值寻优算法流程图如图 8-2 所示。

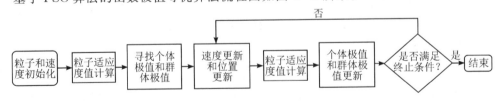

图 8-2   函数极值寻优算法流程图

根据 PSO 算法原理，在 MATLAB 中编程实现基于 PSO 算法的函数极值寻优算法。

PSO 算法自身的参数设置为：种群粒子数为 20，每个粒子的维数为 2，算法迭代进化次数为 300。

程序代码如下：

```
%%清空环境
clc;
clear;
close all
%%参数初始化
%粒子群算法中的两个参数
c1=1.49445;
c2=1.49445;
maxgen=300;        %进化次数
sizepop=20;        %种群规模
Vmax=0.5;
Vmin=-0.5;
popmax=2;
popmin=-2;
%%产生初始粒子和速度
for i=1:sizepop
    %随机产生一个种群
    pop(i,:)=2*rands(1,2);         %初始化种群
    V(i,:)=0.5*rands(1,2);         %初始化速度
    %计算适应度
    fitness(i)=fun(pop(i,:));      %染色体的适应度
end
%%个体极值和群体极值
[bestfitness bestindex]=max(fitness);
zbest=pop(bestindex,:);           %全局最佳
gbest=pop;                        %个体最佳
fitnessgbest=fitness;             %个体最佳适应度值
fitnesszbest=bestfitness;         %全局最佳适应度值
%%迭代寻优
for i=1:maxgen
    for j=1:sizepop
        %速度更新
        V(j,:)=V(j,:)+c1*rand*(gbest(j,:)-pop(j,:))+c2*rand*(zbest-pop(j,:));
        V(j,find(V(j,:)>Vmax))=Vmax;
        V(j,find(V(j,:)<Vmin))=Vmin;
        %种群更新
        pop(j,:)=pop(j,:)+V(j,:);
        pop(j,find(pop(j,:)>popmax))=popmax;
        pop(j,find(pop(j,:)<popmin))=popmin;
        %适应度值
        fitness(j)=fun(pop(j,:));
```

```
        end
      for j＝1：sizepop
            ％个体最优更新
        if fitness(j) ＞ fitnessgbest(j)
          gbest(j,:)＝pop(j,:);
          fitnessgbest(j)＝fitness(j);
        end
            ％群体最优更新
        if fitness(j) ＞ fitnesszbest
          zbest＝pop(j,:);
          fitnesszbest＝fitness(j);
        end
      end
      yy(i)＝fitnesszbest；
      end
  ％％结果分析
  plot(yy, 'k –', 'LineWidth', 1.5)
  title('最优个体适应度', 'fontsize', 12);
  xlabel('进化代数', 'fontsize', 12);
  ylabel('适应度', 'fontsize', 12);
```

其中，计算适应度函数 fun 的程序代码如下：

```
function y＝fun(x)
％函数用于计算粒子适应度值
％x          input      输入粒子
％y          output     粒子适应度值
y＝sin( sqrt(x(1).＾2＋x(2).＾2) )./sqrt(x(1).＾2＋x(2).＾2)＋…
    exp((cos(2 * pi * x(1))＋cos(2 * pi * x(2)))/2)－2.71289;
```

最优个体适应度值如图 8－3 所示。

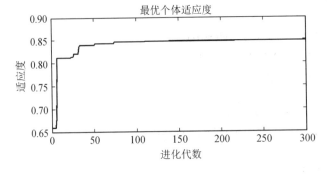

图 8－3　最优个体适应度值

最终得到的最优个体适应度值为 1.0054，对应的粒子位置为(0.0014，0.0021)，PSO 算法寻优得到最优值接近函数实际最优值，说明 PSO 算法具有较强的函数极值寻优能力。

8.1.3　函数 particleswarm 的应用

在 MATLAB 中，系统也提供了粒子群算法专用函数 particleswarm。在应用时，可以直接调用该函数，格式如下：

$$[\boldsymbol{x}\ \text{fval}] = \text{particleswarm}(\text{fun}, \text{nvars}, \boldsymbol{l}_b, \boldsymbol{u}_b, \text{options})$$

其中，fun 是目标函数；nvars 是变量个数；$\boldsymbol{l}_b$ 和 $\boldsymbol{u}_b$ 是变量的上下限；options 是粒子群算法本身的一些参数。

【例 8 - 1】　求 $z = x \cdot \exp[-(x^2 + y^2)]$ 函数的最小值，其中 $x \in [-10, 15]$，$y \in [-15, 20]$。

解　程序代码如下：

```
fun=@(x)x(1) * exp(−norm(x)^2);
lb=[−10，−15];
ub=[15，20];
nvars=2;
[x fval]=particleswarm(fun，nvars，lb，ub);
```

程序输出结果为

```
x=
    −0.7071    −0.0000
fval=
    −0.4289
```

本例函数的原始图像如图 8-4 所示。由图 8-4 可以看出，最小值在−0.4 左右对应的 x、y 坐标位置为(−0.7，0)，与基于 PSO 算法而得到的函数最小值对应的 x、y 值非常接近。

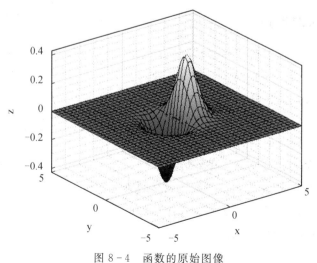

图 8-4　函数的原始图像

8.2　遗　传　算　法

遗传算法（Genetic Algorithm，GA）也称为进化算法，最早由美国密歇根大学的 John Holland 于 20 世纪 70 年代提出。该算法是模拟达尔文生物进化论中自然选择和遗传学机制的生物进化过程的计算模型，是一种启发式搜索算法。遗传算法通过数学的方式，利用计算机仿真运算，将问题的求解过程转换成类似于生物进化中的染色体基因的交叉、变异等的过程。在求解较为复杂的组合优化问题时，相对于一些常规的优化算法，遗传算法通常能够较快地获得较好的优化结果。目前，遗传算法已被人们广泛地应用于组合优化、机器学习、信号处理、自适应控制和人工生命等领域。

8.2.1　遗传算法的基本思想

遗传算法模拟自然选择和遗传过程中发生的繁殖、交叉和基因突变等现象，在每次迭代中都保留一组候选解，并按某种指标从解群中选取较优的个体，利用遗传算子（选择、交叉和变异）对这些个体进行组合，产生新一代的候选解群，重复此过程，直到满足某种收敛指标为止。

遗传算法的优点是：将问题参数编码成染色体后进行优化，而不针对问题参数本身，从而不受函数约束条件的限制；搜索过程从问题解的一个集合开始，而不是单个个体，具有隐含的并行搜索的特性，可大大减少陷入局部最小的可能性；优化计算的算法不依赖于梯度信息，不要求目标函数连续及可导，适用于求解传统搜索方法难以解决的大规模非线性组合优化问题。

8.2.2　遗传算法的步骤

与传统搜索算法不同，遗传算法从随机产生的初始解开始搜索，通过一定的选择、交叉、变异操作逐步迭代以产生新的解。群体中的每个个体代表问题的一个解，称为染色体。染色体的好坏用适应度值来衡量，根据适应度值的好坏从上一代中选择一定数量的优秀个体，通过交叉、变异形成下一代群体。经过若干代进化之后，算法收敛于最好的染色体，它即是问题的最优解或次优解。遗传算法的流程图如图 8-5 所示。遗传算法主要由以下步骤组成：

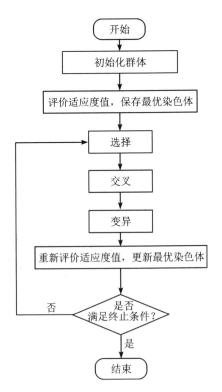

图 8-5　遗传算法的流程图

1. 初始化种群

遗传算法一般采用随机方法生成若干个体的集合，该集合称为初始种群。初始种群中个体的数量称为种群规模。在早期的遗传算法中，需要通过编码把要求问题的可行解表示成遗传空间的染色体或者个体。常用的编码方法有位串编码、格雷编码、实数编码（浮点法编码）、多级参数编码、有序串编码、结构式编码等。目前的算法中，实数一般不再进行编码处理、不必进行数值转换，直接在解的表现型上进行遗传算法操作。

2. 适应值评价（环境适应度）

适应度函数 $F(x_i)$ 是用来区分群体中个体好坏的标准，是进行自然选择的唯一依据，一般由目标函数加以变换得到。在求极大值问题中，适应度函数值越大，个体（解）的质量越好。

适应度函数是遗传算法进化过程的驱动力，也是进行自然选择的唯一标准，它的设计应结合求解问题本身的要求而定。

3. 选择（遗传操作算子）

选择操作是从旧群体中以一定概率选择优良个体组成新的种群。个体被选中的概率与适应度值有关，个体适应度值越高，被选中的概率越大。遗传算法常选择轮盘赌法，即基于适应度比例的选择策略，个体 i 被选中的概率为

$$p_i = \frac{F_i}{\sum_{j=1}^{N} F_j}$$

其中，F_i 为个体 i 的适应度值；N 为种群个体数目。

4. 交叉（遗传操作算子）

交叉操作是指从种群中随机选择两个个体，依据交叉概率按某种方式相互交换其部分基因，从而形成两个新的个体。把父串的优秀特征遗传给子串，从而产生新的优秀个体。由于个体采用实数编码，所以交叉操作采用实数交叉法，第 k 个染色体 a_k 和第 l 个染色体 a_l 在 j 位的交叉操作方法为

$$a_{kj} = a_{ij}(1-b) + a_{lj}b$$
$$a_{lj} = a_{lj}(1-b) + a_{kj}b$$

其中，b 是 $[0,1]$ 区间的随机数。

5. 变异（遗传操作算子）

变异操作的主要目的是维持种群多样性。变异操作选择个体中的一点进行变异以产生更优秀的个体。第 i 个个体的第 j 个基因 a_{ij} 进行变异的操作方法为

$$a_{ij} = \begin{cases} a_{ij} + (a_{ij} - a_{\max}) \times f(g) & (r \geqslant 0.5) \\ a_{ij} + (a_{\min} - a_{ij}) \times f(g) & (r < 0.5) \end{cases}$$

其中，$a_{\max}$ 是基因 a 的上限；$a_{\min}$ 是基因 a 的下限；$f(g) = r_2(1 - g/G_{\max})$，$r_2$ 是一个随机数；g 是当前迭代次数；$G_{\max}$ 是最大进化次数；r 为 $[0,1]$ 区间的随机数。

8.2.3　基于遗传算法的函数寻优及程序实现

【例 8-2】　采用遗传算法求如下函数的极小值：

$$f(x) = -5\sin x_1 \sin x_2 \sin x_3 \sin x_4 \sin x_5 - \sin 5x_1 \sin 5x_2 \sin 5x_3 \sin 5x_4 \sin 5x_5 + 8$$

其中，$0 \leqslant x_1, x_2, x_3, x_4, x_5 \leqslant 0.9\pi$，理论上，该函数在 $x = \left(\dfrac{\pi}{2}, \dfrac{\pi}{2}, \dfrac{\pi}{2}, \dfrac{\pi}{2}, \dfrac{\pi}{2}\right)$ 处取得

最小值 -2。

根据遗传算法的理论，在 MATLAB 软件中编程如下，实现基于遗传算法函数寻优。

(1) 目标函数。

目标函数命名为 fun.m，程序如下：

```
function y＝fun(x)
    y＝－5 * sin(x(1)) * sin(x(2)) * sin(x(3)) * sin(x(4)) * sin(x(5))－…
    sin(5 * x(1)) * sin(5 * x(2)) * sin(5 * x(3)) * sin(5 * x(4)) * sin(5 * x(5))＋8;
end
```

(2) 选择操作。

选择操作采用轮盘赌法从种群中选择适应度好的个体组成新种群，程序如下：

```
function ret＝Select(individuals, sizepop)
％本函数对每一代种群中的染色体进行选择，以进行后面的交叉和变异
％ individuals input　：种群信息
％ sizepop　　 input　：种群规模
％ opts　　　　 input　：选择方法的选择
％ ret　　　　 output ：经过选择后的种群
individuals. fitness＝1. /(individuals. fitness);　　 ％ 适应度函数为目标函数的导数
sumfitness＝sum(individuals. fitness);
sumf＝individuals. fitness. /sumfitness;
index＝[];
for i＝1：sizepop　　 ％转 sizepop 次轮盘
    pick＝rand;
    while pick＝＝0
        pick＝rand;
    end
    for j＝1：sizepop
        pick＝pick－sumf(j);
        if pick＜0
            index＝[index j];
            break;　　 ％寻找落入的区间，此次转轮盘选中了染色体 i,
            ％ ％注意：在转 sizepop 次轮盘的过程中，有可能会重复选择某些染色体
```

```
            end
        end
end
individuals. chrom＝individuals. chrom(index, :);
individuals. fitness＝individuals. fitness(index);
ret＝individuals;
```

（3）交叉操作。

交叉操作是从种群中选择两个个体，按一定概率交叉得到新个体，程序如下：

```
function ret＝Cross(pcross, lenchrom, chrom, sizepop, bound)
%本函数完成交叉操作
% pcorss              input  ：交叉概率
% lenchrom            input  ：染色体的长度
% chrom               input  ：染色体群
% sizepop             input  ：种群规模
% ret                 output ：交叉后的染色体
for i＝1：sizepop
    %随机选择两个染色体进行交叉
    pick＝rand(1, 2);
    while prod(pick)＝＝0
        pick＝rand(1, 2);
    end
    index＝ceil(pick. * sizepop);
    %交叉概率决定是否进行交叉
    pick＝rand;
    while pick＝＝0
        pick＝rand;
    end
    if pick＞pcross
        continue;
    end
    flag＝0;
    while flag＝＝0
        %随机选择交叉位置
        pick＝rand;
        while pick＝＝0
            pick＝rand;
        end
        pos＝ceil(pick. * sum(lenchrom)); %随机选择进行交叉的位置
```

```
        %  %即选择第几个变量进行交叉，注意两个染色体交叉的位置相同
        pick＝rand；%交叉开始
        v1＝chrom(index(1)，pos)；
        v2＝chrom(index(2)，pos)；
        chrom(index(1)，pos)＝pick * v2＋(1－pick) * v1；
        chrom(index(2)，pos)＝pick * v1＋(1－pick) * v2；%交叉结束
        flag1＝test(lenchrom，bound，chrom(index(1)，:))；    %检验染色体1的可行性
        flag2＝test(lenchrom，bound，chrom(index(2)，:))；    %检验染色体2的可行性
        if    flag1 * flag2＝＝0
            flag＝0；
        else flag＝1；
        end        %如果两个染色体不是都可行，则重新交叉
    end
end
ret＝chrom；
```

（4）变异操作。

变异操作是从种群中随机选择一个个体，按一定概率变异得到新个体，程序如下：

```
function ret＝Mutation(pmutation，lenchrom，chrom，sizepop，pop，bound)
%本函数完成变异操作
%  pcorss              input    ：变异概率
%  lenchrom            input    ：染色体长度
%  chrom               input    ：染色体群
%  sizepop             input    ：种群规模
%  pop                 input    ：当前种群的进化代数和最大的进化代数信息
%  ret                 output   ：变异后的染色体
for i＝1：sizepop
    %随机选择一个染色体进行变异
    pick＝rand；
    while pick＝＝0
      pick＝rand；
    end
    index＝ceil(pick * sizepop)；
    %变异概率决定该轮循环是否进行变异
    pick＝rand；
    if pick＞pmutation
      continue；
    end
    flag＝0；
    while flag＝＝0
      %变异位置
```

```
        pick＝rand；
        while pick＝＝0
            pick＝rand；
        end
        pos＝ceil(pick * sum(lenchrom))；     ％随机选择了染色体变异的位置，即选择了第 pos 个变量
进行变异
        v＝chrom(i, pos)；
        v1＝v－bound(pos, 1)；
        v2＝bound(pos, 2)－v；
        pick＝rand；％变异开始
        if pick＞0.5
            delta＝v2 * (1－pick^((1－pop(1)/pop(2))^2))；
            chrom(i, pos)＝v＋delta；
        else
            delta＝v1 * (1－pick^((1－pop(1)/pop(2))^2))；
            chrom(i, pos)＝v－delta；
        end     ％变异结束
        flag＝test(lenchrom, bound, chrom(i, :))；       ％检验染色体的可行性
    end
end
ret＝chrom；
```

（5）算法主函数。

主函数 MATLAB 代码的主要部分如下：

```
％％清空环境
clc；clear；close all
％％遗传算法参数
maxgen＝30；                    ％进化代数
sizepop＝100；                  ％种群规模
pcross＝[0.6]；                 ％交叉概率
pmutation＝[0.01]；             ％变异概率
lenchrom＝[1 1 1 1 1]；         ％变量字串长度
bound＝[0 0.9 * pi；0 0.9 * pi；0 0.9 * pi；0 0.9 * pi；0 0.9 * pi]；   ％变量范围
％％个体初始化
individuals＝struct('fitness', zeros(1, sizepop), 'chrom', [])；      ％种群结构体
avgfitness＝[]；                ％种群平均适应度
bestfitness＝[]；               ％种群最佳适应度
bestchrom＝[]；                 ％适应度最好染色体
％初始化种群
for i＝1：sizepop
    individuals. chrom(i, :)＝Code(lenchrom, bound)；                 ％随机产生个体
```

```
        x＝individuals. chrom(i，:)；
        individuals. fitness(i)＝fun(x)；               ％个体适应度
    end
    ％找最好的染色体
    ［bestfitness bestindex］＝min(individuals. fitness)；
    bestchrom＝individuals. chrom(bestindex,:)；％最好的染色体
    avgfitness＝sum(individuals. fitness)/sizepop；％染色体的平均适应度
    ％记录每一代进化中最好的适应度和平均适应度
    trace＝［］；
    ％％进化开始
    for i＝1：maxgen
        ％选择操作
        individuals＝Select(individuals，sizepop)；
        avgfitness＝sum(individuals. fitness)/sizepop；
        ％交叉操作
        individuals. chrom＝Cross(pcross，lenchrom，individuals. chrom，sizepop，bound)；
        ％变异操作
        individuals. chrom＝Mutation(pmutation，lenchrom，individuals. chrom，sizepop，［i maxgen］,
bound)；

        ％计算适应度
        for j＝1：sizepop
          x＝individuals. chrom(j,:)；
          individuals. fitness(j)＝fun(x)；
          end

        ％找到最小和最大适应度的染色体及它们在种群中的位置
        ［newbestfitness，newbestindex］＝min(individuals. fitness)；
        ［worestfitness，worestindex］＝max(individuals. fitness)；
        ％代替上一次进化中最好的染色体
        if bestfitness＞newbestfitness
          bestfitness＝newbestfitness；
          bestchrom＝individuals. chrom(newbestindex,:)；
         end
         individuals. chrom(worestindex,:)＝bestchrom；
         individuals. fitness(worestindex)＝bestfitness；
           avgfitness＝sum(individuals. fitness)/sizepop；
           trace＝［trace；avgfitness bestfitness］；％记录每一代进化中最好的适应度和平均适应度
    end
    ％进化结束
```

```
%%结果显示
[r c]=size(trace);
figure
plot([1:r]', trace(:,1), 'k-', [1:r]', trace(:, 2), 'k--', 'LineWidth', 1.5);
title(['函数值曲线  ' '终止代数=' num2str(maxgen)], 'fontsize', 12);
xlabel('进化代数', 'fontsize', 12);
ylabel('函数值', 'fontsize', 12);
legend('各代平均值', '各代最佳值', 'fontsize', 12);
disp('函数值                    变量');
ylim([1.5 8])
%xlim([1, size(trace, 1)])
grid on
%窗口显示
disp([bestfitness x]);
```

此外，主程序中的 Code 函数代码如下：

```
function ret=Code(lenchrom, bound)
%本函数将变量编码成染色体，用于随机初始化一个种群
% lenchrom    input ：染色体长度
% bound       input ：变量的取值范围
% ret         output：染色体的编码值
flag=0;
while flag==0
    pick=rand(1, length(lenchrom));
    ret=bound(:,1)'+(bound(:,2)-bound(:,1))'. * pick; %线性插值
    flag=test(lenchrom, bound, ret);        %检验染色体的可行性
end
```

主程序中的 test 函数代码如下：

```
function flag=test(lenchrom, bound, code)
% lenchrom    input ：染色体长度
% bound       input ：变量的取值范围
% code        output：染色体的编码值
flag=1;
[n, m]=size(code);
for i=1：n
    if code(i)<bound(i,1) || code(i)>bound(i,2)
        flag=0;
    end
end
```

主程序输出结果如下：

函数值		变量			
2.1457	1.5385	1.5751	1.5196	1.6427	1.5312

遗传算法优化过程中各代平均函数值和最优化个体函数变化如图 8-6 所示。也就是说，当种群进化到 30 代时，函数值收敛到 2.1457，在 x 取(1.5385，1.5751，1.5196，1.6427，1.5312)时达到该值。

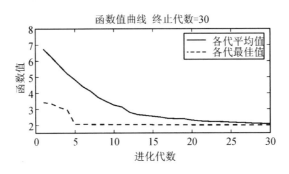

图 8-6　遗传算法优化过程

实际上，作为经典的智能优化算法，MATLAB 也提供了自带函数 ga，无须编程，直接调用即可，其格式如下：

$$[\boldsymbol{x} \; \text{fval}] = \text{ga}(\text{fun, nvars, } \boldsymbol{A}, \boldsymbol{b}, \boldsymbol{A}_{\text{eq}}, \boldsymbol{b}_{\text{eq}}, \boldsymbol{l}_b, \boldsymbol{u}_b, \text{nonlcon, options})$$

各参数含义与表 7-3 及表 7-4 相同，其中，nonlcon 为非线性约束表达式。

在 MATLAB 命令行窗口输入如下命令，运行后结果如下：

```
>> lb=[0, 0, 0, 0, 0];
>> ub=[0.9 * pi, 0.9 * pi, 0.9 * pi, 0.9 * pi, 0.9 * pi];
>> [x fval]=ga(@fun, 5, [], [], [], [], lb, ub)
x=
    1.5708    1.5708    1.5708    1.5708    1.5708
fval=
    2.0000
```

8.3　混合蛙跳算法

混合蛙跳算法(Shuffled Frog Leaping Algorithm，SFLA)作为一种新型的仿生物学智能群体优化算法，由美国学者 Eusuff 和 Lansey 等人在研究水资源网络优化设计中，根据青蛙群体在觅食过程中个体之间表现出来的生物模因特性而构造的算法模型。目前，已被应用于电力系统的资源配置优化问题、智能交通系统中的优化问题、工业生产中的调度问题、模型参数识别问题以及经典的旅行商问题等。

8.3.1　基本思想

SFLA 是一种受自然界生物活动启示而产生的基于群体的协同搜索的模因进化方法，

这种算法模拟青蛙群体寻找食物时，按族群分类进行思想传递的过程，通过相互影响的青蛙个体之间的协作与全局的信息分享机制，将全局的信息交换和局部搜索相结合。局部搜索使得局部信息在个体间传递，混合策略使得局部间的思想得到交换，从而完成寻优过程。

　　在一片沼泽中生活着一个青蛙种群(Population)，同时有很多离散分布的石头，供青蛙在寻找食物时进行跳跃，青蛙通过寻找不同的石头以提高自己寻找食物的能力。所有青蛙目标一致，即跳跃着寻找食物。每只青蛙都有自己的模因(也可以看作模因的载体)。青蛙个体之间相互交流，吸取其他个体的经验以改善自己的跳跃方向和跳跃的步伐大小，即经历模因进化的历程，同时达到信息分享的目的。为快速而准确地寻找食物，青蛙群体划分成个数相同但模因信息不同的族群(Memeplex)组团搜索，形成局部范围的小团体。每个族群具有自己的模因，有局部精英个体指导其他个体沿着不同的方向独立地搜索食物，同时影响着族群内的每一个青蛙个体的模因，且模因随着族群的进化而进化。当族群进化到一定的程度后，不同族群之间通过族群混洗或混合(Shuffled)，进行不同族群之间的模因交流信息，直到满足停止条件为止。混洗过程使得很多青蛙个体能够感受到沼泽中不同族群之间(和自己不在一个族群内)的青蛙的模因，学习新思想，实现信息的社会共享，有效避免同一族群的思想偏见(或模因)影响，使得整个青蛙种群能够沿着正确的方向搜索食物源，从而加快了种群的搜索过程，SFLA 的示意图如图 8-7 所示。

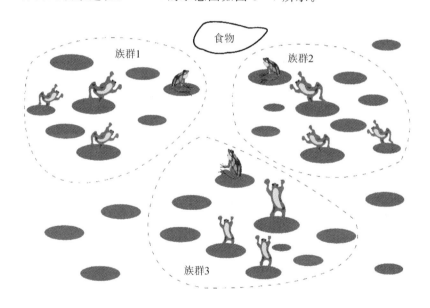

图 8-7　SFLA 的基本思想示意图

8.3.2　数学模型

　　SFLA 的数学描述如下：设在一个 D 维的搜索空间内，随机生成 F_p 只青蛙(优化问题的可能解)，组成一个青蛙种群，第 i 只青蛙表示为 $U_i=(U_{i1},U_{i2},\cdots,U_{iD})$，以适应度函数作为该算法的启发函数，以此衡量青蛙性能的优劣，计算每一只青蛙的适应度函数值 $f(U_i)$，按照适应度值好坏进行排列，然后将整个青蛙种群分成 m_p 个族群，每个族群有 n_p

只青蛙，其中第 1 只青蛙分入第 1 个族群，第 2 只青蛙分入第 2 个族群，…，第 m_p 只青蛙分入第 m_p 个族群，第 m_p+1 只青蛙分入第 1 个族群，以此类推，设 Y^k 为第 k 个青蛙族群的集合，可用下式描述其分配过程：

$$Y^k = U(j)^k, f(j)^k \mid U(j)^k = U(k + m_p(j-1)), f(j)^k = f(k + m_p(j-1))$$
$$(j = 1, \cdots, n_p; k = 1, \cdots, m_p)$$

对每一个族群进行局部深度搜索，即一次迭代过程中，在每一个族群中，选出 q 只青蛙构造一个子族群，找出该子族群的最差青蛙 U_w、最优青蛙 U_b 以及整个种群的全局最好青蛙 U_g，然后只对 U_w 进行更新操作，更新策略如下：

$$S = \begin{cases} \min\{\text{int}(r(U_b - U_w)), S_{\max}\} & (U_b - U_w \geqslant 0) \\ \max\{\text{int}(r(U_b - U_w)), -S_{\max}\} & (U_b - U_w < 0) \end{cases}$$
$$U'_w = U_w + S$$

式中，S 是最差青蛙的调整量；min 和 max 分别是求最小值和最大值函数；int 是取整函数，对于离散型整数变量，取整函数必不可少，对于连续型变量函数，取整函数可以省略不用；r 是 $[0, 1]$ 之间的随机数；$S_{\max}$ 是允许青蛙改变的最大步长。如果更新后青蛙 U'_w 的适应度值优于 U_w，则取代 U_w。如适应度值无改进，则用 U_g 取代 U_b，重复执行更新策略，再次检测此次更新后的适应度值是否改进，如仍无改进，则随机产生一个青蛙（解）U_r 取代 U_w。重复此操作，直至达到要求的迭代次数。

当 m_p 个族群均完成局部深度搜索后，将种群内所有青蛙按照适应度的优劣重新排序，进行全局信息交换，然后划分成 m_p 个族群，进行局部深度搜索，重复此操作，直到满足要求的迭代次数或停止条件。

8.3.3　算法流程及基本步骤

根据上述描述，SFLA 算法按族群分类来进行模因传递，将全局搜索（或全局信息交换）和局部深度搜索相结合，局部搜索策略使得性能优异的模因在族群个体之间传递，全局策略使不同族群之间的模因得以交流，二者的平衡策略使算法可以跳出局部极值点，避免早熟现象发生，向着全局最优方向前进。全局信息交换和局部深度搜索的具体实现步骤如下所述。

1. 全局搜索

(1) 算法参数初始化：对族群个数 m_p 和每一个族群的成员数 n_p 进行设置，二者满足青蛙群体总个数 $F_p = m_p \times n_p$；子族群的成员数 $q(1 \leqslant q \leqslant n_p)$，青蛙最大跳跃步长 $S_{\max}$，局部深度搜索的迭代次数 N_l，算法的停止条件——全局搜索的迭代次数 N_g 或者精度 ε。

(2) 产生虚拟的青蛙群体：在优化问题可行的 D 维搜索空间内，以随机方式产生 F_p 只青蛙以形成青蛙种群 $U = \{U_1, U_2, \cdots, U_{F_p}\}$。

(3) 青蛙排序：根据青蛙性能的优劣，按照适应度值对 F_p 只青蛙进行排序，形成新的青蛙序列 $X = \{U(i), f(i), i = 1, \cdots, F_p\}$，此时的 i 表示青蛙的优劣次序，该序列中第 1 只青蛙记为全局最优青蛙，即 $U_g = X(1)$。

(4) 划分族群：将青蛙种群进行族群分类。

（5）模因进化：在每一个族群 Y^k 内，按照局部深度搜索的策略进化。

（6）族群混洗：所有（m_p 个）族群经过规定次数（N_l）的局部深度搜索后，各族群 Y^1，Y^2，…，Y^k 进行混合，将 F_p 只青蛙进行新一轮的族群分组，同时更新全局最优青蛙 U_g。

（7）检查是否满足停止标准：如果停止标准得到满足，则算法停止，返回最优解；如果不满足条件，则返回上述流程的第（4）步，继续进化操作。

算法停止标准有两个：第一是达到全局迭代次数 N_g 或是全局最优青蛙的模因在连续多少次迭代中不再发生变化时；对于事先不知道优化问题的解，尤其是工程实际问题，经常使用该标准。第二是精度 ε，如果对于已知的标准验证函数时，可以采用实际解与理论解的逼近程度即精度作为算法的停止标准。

2. 局部深度搜索

全局搜索的第（4）步，实际上就是规定次数 N_l 的局部深度搜索，其流程如下：

（1）设置 $i_m=0$，$1 \leqslant i_m = m_p$，同时 $i_{N_l}=0$，$1 \leqslant i_{N_l} = N_l$。

（2）设置 $i_m = i_m + 1$。

（3）设置 $i_{N_l} = i_{N_l} + 1$。

（4）构建子族群：青蛙的目标就是通过提高自己的模因以达到食物源（最优解），如上描述，它们可以通过感染本族群 Y^{i_m} 内的局部最优青蛙 U_b 或者全局最优青蛙 U_g 到更新，但为了保证青蛙族群的多样性，同时也为了防止陷入局部最优解，在族群内的局部深度进化时，需要适当考虑族群最优青蛙的来源情况，构建方法：对于每一组群内的 n_p 只青蛙，性能优异的赋给较大权重，性能较差的赋给较小的权重，在 n_p 只内随机选择 q 只青蛙以构成子族群 Z^{i_m}，每进行一次局部搜索，子族群 Z^{i_m} 则重新构造，此时的族群最优青蛙 U_b 实际是每一次迭代时的子族群最优青蛙 $Z^{i_m}(1)$，族群最差青蛙 U_w 是子族群的最差青蛙 $Z^{i_m}(q)$。

（5）最差青蛙更新：如果更新后的青蛙 U'_w 在可行域内，则计算其适应度值 $f(U'_w)$，否则，直接进入第（6）步；如果 $f(U'_w)$ 优于 $f(U_w)$，则说明该进化产生的解是有用的，需要保留并替代 U_w，并且进入第（8）步；否则，进入第（6）步。

（6）如果第（5）步不能产生一个满意的解，将式中的 U_b 用 U_g 替代，重新产生一个新的青蛙 U''_w，如果该青蛙在可行域内，则计算其适应度值 $f(U''_w)$，否则，直接进入第（7）步；如果 $f(U''_w)$ 优于 $f(U_w)$，则说明此时产生的解是合理且有用的，可以使用 U''_w 替代 U_w，否则，进入第（7）步。

（7）最后核查：如果新青蛙 U''_w 不在可行域内或者其适应度值 $f(U''_w)$ 并不优于 $f(U_w)$，则在可行域内随机产生一个新青蛙 U_r 用以替代 U_w。

（8）更新族群：子族群 Z^{i_m} 经过模因进化后，返回所在的族群 Y^{i_m}，重新对该族群内的青蛙进行排序。

（9）如果 $i_{N_l} < N_l$，返回第（2）步。

（10）如果 $i_m < m_p$，返回第（1）步，否则，返回全局搜索进行族群混洗操作，局部深度搜索结束。

流程图如图 8-8 所示。

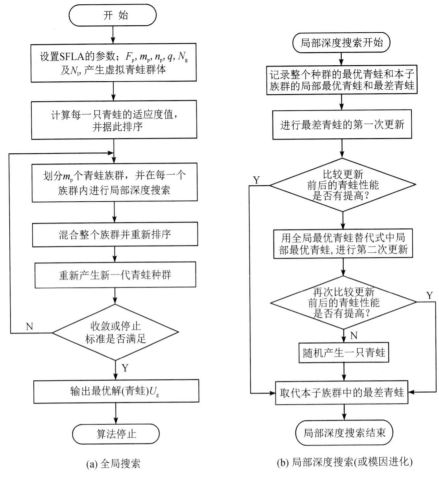

图 8-8　SFLA 的流程图

8.3.4　基于 SFLA 的函数极值求解及 MATLAB 实现

【例 8-3】　求 $D=4$ 时如下函数的极小值：

$$f(x) = -20e^{-0.2\sqrt{\frac{1}{D}\sum\limits_{i=1}^{D}x_i^2}} - e^{\frac{1}{D}\sum\limits_{i=1}^{D}\cos2\pi x_i} + 20 + e \quad (|x_i| \leqslant 32)$$

由理论分析可以知道，该函数当 x 全部等于 0 时，函数取得的最小值为 0。

（1）适应度函数的编程。

此目标函数即所求问题的适应度函数，编程如下：

```
function f=fitness_C(X)
    a=20；
    b=0.2；
    c=2 * pi；
    N=length(X)；
    f=-a * exp(-b * sqrt(1/N * sum(X.^2)))-exp(1/N * sum(cos(c * X)))+a+exp(1)；
end
```

（2）混合蛙跳算法的编程。

此目标函数即所求问题的适应度函数，编程如下：

```
clear; clc; close all
%% SFLA 的参数设置 parameters setting
m=25;                        % the number of memeplexes 种群的数目
n=25;                        % the number of frogs in each memeplex 每一个种群内青蛙的数字
q=20;                        % the number of frogs in each submemeplex from memeplex 从每一个种群中选出
                               q 只青蛙构成一个子种群
Lmax=50;                     % the maximum number of local exploration 每一个种群搜索进化的次数
Gmax=1000;                   % the maximum number of global exploration 全体种群进行信息交换的进化次数
Smax=3;                      % the maximum step size 每一个种群内最差青蛙进化的最大步长，也可由下面
                               变量的上下限确定
%%% 求解函数的参数设置 parameters setting
D=4;                         % the dimension number of real problem(frog) 求解问题的维数
Xup=[32];                    % variable X up limit 变量的上限，可以是向量的形式
Xdown=[-32];                 % variable X down limit 变量的下限，可以是向量的形式
%%% 其他参数的确定
F=m*n;                       % 全体青蛙数
Smax=(Xup-Xdown)/4;          % the maximum step size allowed to be adopted 最差青蛙进化的最大步长，根据
                               变量的上下限确定
%%% 青蛙群体的初始化 generate a virtual population
U_rand=rands(D, F);          % 产生[-1，1]之间的随机矩阵 U_rand
U_one=ones(D, F);            % 产生全1的矩阵，为下面映射作准备
U=((Xup+Xdown)/2)*U_one+((Xup-Xdown)/2)*U_rand;    % 将 U_rand 映射到变量区间[Xdown,
                                                     Xup]区间，作为青蛙群体的初始值
%%% 模因进化开始 Memetic evolution
for k=1; Gmax
    % 计算各个青蛙的适应度值 U_f
    for i=1; F
      U_f(i)=fitness_C(U(:, i));
    end
    [U_f_value U_f_index]=sort(U_f, 'ascend');    % 按照适应度值从小到大排序
    Usort(:,:,)=U(:, U_f_index);    % Usort 是各个青蛙的适应度值排序后的矩阵向量
    PX=Usort(:,1);    % the best frog in the entire population PX 是整个种群的最优青蛙
    % 每一个种群内进行进化
    for j=1; m
      U_m(:,:,)=Usort(:, j; m; end);    % 按照 SFLA 的排序原理进行种群的构建
      for j_k=1; Lmax
        PB=U_m(:,1);
        PW=U_m(:,q);
        % 第一次采用局部最优青蛙 PB 进行更新
        s=PB-PW;
```

```
      for j_k_i=1:D
        if (s(j_k_i)>=0)
          S(j_k_i)=min(rand * s(j_k_i), Smax);
        else
          S(j_k_i)=max(rand * s(j_k_i), -Smax);
        end
      end
      PW_new=PW+S';
      %判断更新过的青蛙是否在定义域内或者适应度值是否提高,只要有一条不满足,就重新采用全局
最优青蛙 PX 进行更新
      if (sum(PW_new>Xup * U_one(:,1)) | sum(PW_new<Xdown * U_one(:,1)) | fitness_C(PW_new)
>fitness_C(PW))
          ss=PX-PW;
          for j_k_i=1:D
            if (ss(j_k_i)>=0)
              SS(j_k_i)=min(rand * ss(j_k_i), Smax);
            else
              SS(j_k_i)=max(rand * ss(j_k_i), -Smax);
            end
          end
          PW_new=PW+SS';
          %判断第二次更新过的青蛙是否在定义域内或者适应度值是否提高,只要有一条不满足,就随机
产生一个青蛙进行替代
          if (sum(PW_new>Xup * U_one(:,1)) | sum(PW_new<Xdown * U_one(:,1)) | fitness_C(PW_
new)>fitness_C(PW))
              PW_new=((Xup+Xdown)/2)+((Xup-Xdown)/2) * rands(D, 1);
          end
      end
      U_m(:,q)=PW_new;         %用更新过后的青蛙替代原来最差青蛙
      for j_k_n=1:n
        U_m_f(:, j_k_n)=fitness_C(U_m(:, j_k_n));
      end
      [U_m_f_value U_m_f_index]=sort( U_m_f, 'ascend');
      U_m_temp(:,:)=U_m(:, U_m_f_index);
      U_m=U_m_temp;
    end
    U(:,j: m: end)=U_m;
  end
U_best(:,k)=U(:,1);                      %记录最优青蛙值,即最优解
Y_fitness(k)=fitness_C(U_best(:,k));     %计算最优青蛙的适应度值
%计算过程显示
fprintf('这是混洗蛙跳优化算法的第%4.0d 次迭代(混合)\n', k)
```

```
end
%%算法结束，显示计算结果
%在 matlabcommand 窗口直接显示结果
disp('混流蛙跳算法全部迭代结束时，最优青蛙(解)的值如下：')
format long
U_best(:,k)'
disp('所求的适应度值如下：')
Y_fitness(k)
```

运行程序后，其结果如下所示：

这是混洗蛙跳优化算法的第 1 次迭代(混合)
这是混洗蛙跳优化算法的第 2 次迭代(混合)
…
这是混洗蛙跳优化算法的第 999 次迭代(混合)
这是混洗蛙跳优化算法的第 1000 次迭代(混合)
混合蛙跳算法全部迭代结束时，最优青蛙(解)的值如下：
ans＝
  1.0e－11 ＊
  －0.006455960537722 0.230241491869537 －0.202443998374109 0.039405967152854
所求的适应度值如下：
ans＝
  6.186162693211372e－12

所求结果与理论值相比，混合蛙跳算法的求解精度也是令人满意的。

8.4 思 考 练 习

1. 采用智能算法分别求取下列函数的最小值，并改变参数进行结果对比：

(1) $f(x) = \sum\limits_{i=1}^{30} x_i^2$；

(2) $f(x) = 100(x_1^2 - x_2)^2 + (1 - x_1)^2$；

(3) $f(x) = \dfrac{\sin\sqrt{x^2 + y^2}}{\sqrt{x^2 + y^2}} + e^{\frac{\cos 2\pi x + \cos 2\pi y}{2}} - 2.712\,89$。

2. 采用智能算法求解如下约束问题：

$$\max f(x) = 2x_1 + 3x_1^2 + 3x_2 + x_2^2 + x_3$$

$$\text{s.t.} \begin{cases} x_1 + 2x_1^2 + x_2 + 2x_2^2 + x_3 \leqslant 10 \\ x_1 + x_1^2 + x_2 + x_2^2 - x_3 \leqslant 50 \\ 2x_1 + x_1^2 + 2x_2 + x_3 \leqslant 40 \\ x_1^2 + x_3 = 2 \\ 2x_2 + x_1 \geqslant 1 \\ x_1 \geqslant 0 \end{cases}$$

第 9 章　机械工程设计

　　MATLAB 语言在机构设计中的应用包括连杆机构的运动分析和力分析、平面连杆机构的设计、凸轮机构的分析与设计、齿轮机构的分析与设计、机械的平衡、机械系统的动力学分析、基于 MATLAB Web Server 的机构的分析设计等。本章主要介绍平面连杆机构的设计、优化与运动分析。

　　连杆机构的运动设计是一个比较复杂的问题，常用的设计方法有几何综合法和解析综合法。几何综合法简单直观，但是精确度较低；解析综合法精确度较高，但是计算工作量大。随着计算机辅助数值解法的发展，解析综合法已经得到了广泛的应用。

　　曲柄摇杆机构是平面连杆机构中最基本的由转动副组成的四杆机构，它可以实现转动和摆动之间运动形式的转换或动力传递。对四杆机构进行运动分析的意义是：在机构尺度参数已知的情况下，假定主动件(曲柄)做匀速转动，撇开力的作用，仅从运动几何关系上分析从动件(摇杆)的位移、速度和加速度等运动参数的变化情况。还可以根据机构闭环矢量方程计算从动件的位移偏差。运动分析可以为研究机构的运动性能和动力性能提供必要的依据。采用解析综合法进行机构运动分析时，一般先建立机构的闭环矢量方程，然后对其分量形式对时间求一阶导数得到角速度方程，对时间求二阶导数得到角加速度方程。本章将重点介绍基于 MATLAB 的连杆机构设计、平面机构优化设计和平面连杆机构运动分析。

9.1　连杆机构设计

9.1.1　曲柄存在条件

　　在铰链四杆机构(见图 9-1)中有曲柄的条件是：

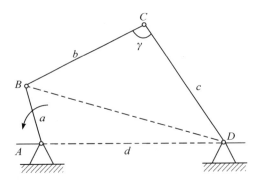

图 9-1　铰链四杆机构

　　(1) 各杆的长度应满足杆长条件，即最短杆长度＋最长杆长度≤其余两杆长度之和。

（2）组成该周转副的两杆中必有一杆为最短杆。

当四杆机构各杆的长度满足杆长时，与最短杆相连的转动副都是周转副，其余转动副则是摆动副。当最短杆为连架杆时，机构为曲柄摇杆机构；当最短杆为机架时，机构为双曲柄机构；否则为双摇杆机构。

在曲柄滑块机构（见图 9 - 2）中有曲柄的条件为 $a \pm e \leqslant b$，如图 9 - 2 所示。

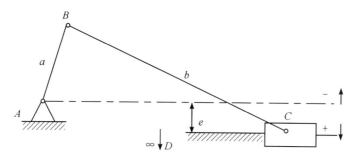

图 9 - 2　曲柄滑块机构

9.1.2　传动角

多数机构运动中的传动角是变化的，为了使机构传动质量良好，一般规定机构的最小传动角 $\gamma_{\min} \geqslant 40°$。

1. 曲柄摇杆机构的最小传动角

曲柄摇杆机构是图 9 - 1 所示铰链四杆机构的一种特例，它的最小传动角出现在曲柄与机架共线的两个位置之一（见图 9 - 3(a)、(b)）。在这两个位置，传动角满足：

$$\cos\gamma_1 = \frac{b^2 + c^2 - (d - a)^2}{2bc}$$

$$\cos\gamma_2 = \frac{b^2 + c^2 - (d + a)^2}{2bc}$$

$$(9 - 1)$$

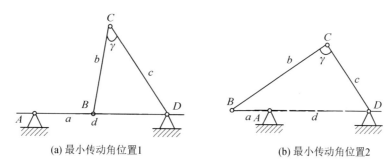

(a) 最小传动角位置1　　　　　　　　(b) 最小传动角位置2

图 9 - 3　最小传动角的位置

最小传动角 $\gamma_{\min}$ 的求法是：

当 $\gamma_2 \leqslant 90°$ 时，$\gamma_{\min} = \gamma_1$。

当 $\gamma_2 > 90°$ 时，$\gamma_{\min} = \min(\gamma_1, 180° - \gamma_2)$。

2. 曲柄滑块机构的最大压力角

曲柄滑块机构的最大压力角发生在如图 9 - 4 所示的位置。

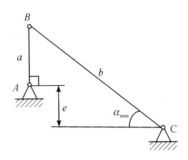

图 9 - 4   曲柄滑块机构的最大压力角

最大压力角：

$$\alpha_{\max} = \arcsin \frac{a+e}{b} \tag{9-2}$$

则最小传动角：

$$\gamma_{\min} = 90° - \alpha_{\max} \tag{9-3}$$

9.1.3　平面连杆机构设计

1. 曲柄滑块设计

如图 9-5 所示的曲柄滑块机构中，已知行程速比系数 K、行程 h、偏距 e，求曲柄长度 a 和连杆长度 b。曲柄滑块机构处于极限位置时，各构件位置关系如图 9-5 所示。其中，θ 为极位夹角，可由行程速比系数 K 求出，计算式为

$$\theta = \frac{K-1}{K+1} \times 180° \tag{9-4}$$

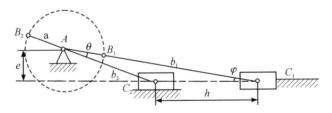

图 9 - 5   曲柄滑块机构

在 $\triangle AC_1C_2$ 中，由余弦定理得

$$h^2 = 2(a^2 + b^2) - 2(b^2 - a^2)\cos\theta \tag{9-5}$$

由正弦定理得

$$\frac{h}{\sin\theta} = \frac{b-a}{\sin\varphi} \tag{9-6}$$

又 $\sin\varphi = e/(a+b)$，则可求得

$$a = \sqrt{\frac{h^2}{4} - \frac{eh(1-\cos\theta)}{2\sin\theta}} \tag{9-7}$$

$$b = \sqrt{\frac{h^2}{4} + \frac{eh(1+\cos\theta)}{2\sin\theta}}$$

根据上述表达式，编制设计该条件下的曲柄滑块机构的函数文件如下：

```
%输入参数，K 为行程速比系数，h 为滑块行程，e 为偏距
%输出参数，a 为曲柄长度，b 为连杆长度
P＝pi/180；
theta＝(K－1)/(K＋1)＊180；
theta＝theta＊P；
a＝sqrt(h^2/4－e＊h＊(1－cos(theta))/(2＊sin(theta)))；
b＝sqrt(h^2/4＋e＊h＊(1＋cos(theta))/(2＊sin(theta)))；
```

2. 连杆机构设计

如图 9－6 所示的四杆机构，要求从动件 3 与主动件 1 的转角满足一系列对应位置，即 $\theta_{3i}=f(\theta_{1i})$（$i=1，2，3，\cdots，n$），设计此机构。

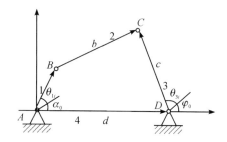

图 9－6　四杆机构

首先建立坐标系，如图 9－6 所示，可列方程组如下：

$$\begin{cases} b\cos\theta_{2i}=d+c\cos(\theta_{3i}+\varphi_0)-a\cos(\theta_{1i}+a_0) \\ b\sin\theta_{2i}=c\sin(\theta_{3i}+\varphi_0)-a\sin(\theta_{1i}+a_0) \end{cases}$$

将上式两边各自平方后相加，消去 θ_{2i}，经整理得

$$b^2=a^2+d^2+c^2+2cd\cos(\theta_{3i}-\varphi_0)-2ad\cos(\theta_{1i}+a_0)-2ac\cos(\theta_{1i}+a_0-\theta_{3i}-\varphi_0)$$

令

$$P_1=\frac{a^2+c^2+d^2-b^2}{2ac}$$

$$P_2=\frac{d}{c}$$

$$P_3=\frac{d}{a}$$

则上式可化简为

$$P_1-P_2\cos(\theta_{1i}+a_0)+P_3\cos(\theta_{3i}+\varphi_0)=\cos(\theta_{1i}+a_0-\theta_{3i}-\varphi_0)$$

式中包含 5 个待定参数 P_1、P_2、P_3、a_0 及 φ_0，故可按五个精确位置求解。

当两连架杆对应位置数 $N>5$ 时，一般不能求得精确解，可用最小二乘法近似求解。

当两连架杆对应位置数 $N<5$ 时，可预选 $N_0=5-N$ 个尺度参数，此时有无穷解。

【例 9－1】　已知铰链四杆机构中两连架杆的三组对应位置，设计四杆机构。

从动件 3 与主动件 1 的三组对应位置 $\theta_{3i}=f(\theta_{1i})$（$i=1，2，3$）。

MATLAB 程序如下：

```
%d 为机架长度，alph 和 delta 为两连架杆对应的初始位置
%theta1 和 theta3 为两连架杆的三组对应位置
%theta1＝[theta11，theta12，theta13]，theta3＝[theta31，theta32，theta33]
P＝pi/180；
alph＝alph * P；delta＝delta * P；
theta1＝theta1 * P；theta3＝theta3 * P；
A＝[1，－cos(theta1(1)＋alph)，cos(theta3(1)＋delta)
  1，－cos(theta1(2)＋alph)，cos(theta3(2)＋delta)
  1，－cos(theta1(3)＋alph)，cos(theta3(3)＋delta)]；
B＝[cos(theta1(1)＋alph－theta3(1)－delta)；
cos(theta1(2)＋alph－theta3(2)－delta)；
cos(theta1(3)＋alph－theta3(3)－delta)]；
C＝invi(A) * B；
a＝d/C(3)；
c＝d/C(2)；
b＝sqrt(a^2＋c^2＋d^2－2 * a * c * C(1))；
```

9.2 平面机构优化设计

平面机构优化设计其数学模型一般可写为求设计变量 $\boldsymbol{X}＝[x_1，x_2，\cdots，x_n]^T$ 使目标函数 $F(\boldsymbol{X})＝f(x_1，x_2，\cdots，x_n)$ 极小（或极大），并满足约束条件。

在进行平面机构优化设计时，通常将平面机构的运动规律与期望的运动规律之间的差异及运动误差作为评价目标。常见的目标函数有以下两种形式：

平方和误差形式：

$$f(\boldsymbol{X}，\varphi)＝\sum_{i=1}^{m} w_i [f_i(\boldsymbol{X}，\varphi)－\bar{f}_i(\boldsymbol{X}，\varphi)]^2 \qquad (9-8)$$

最大误差形式：

$$F(\boldsymbol{X}，\varphi)＝\max\left\{\sum_{i=1}^{m} |f_i(\boldsymbol{X}，\varphi)－\bar{f}_i(\boldsymbol{X}，\varphi)|\right\} \qquad (9-9)$$

在进行平面机构优化设计时，可针对平面机构的具体特性要求建立约束条件。下面以曲柄摇杆机构（见图 9-1）为例进行介绍。已知 AB 杆为曲柄，并作为主动件。

常见的约束条件有：

曲柄存在条件：

$$\begin{cases} a＋d－b－c \leqslant 0 \\ a＋b－c－c \leqslant 0 \\ a＋c－b－d \leqslant 0 \end{cases} \qquad (9-10)$$

传动角条件：

$$\gamma_{min}－\arccos\frac{b^2＋c^2－(d－a)^2}{2bc} \leqslant 0$$

$$\arccos\frac{b^2＋c^2－(d－a)^2}{2bc}－\gamma_{min} \leqslant 0 \qquad (9-11)$$

急回要求：如要求平面机构无急回特性，则设计参数应满足的条件为

$$a^2 + d^2 - b^2 - c^2 = 0 \qquad (9-12)$$

【例 9 - 2】 设计曲柄摇杆机构，期望当曲柄由 φ_0 回转到 $\varphi_0 + 90°$ 的过程中，摇杆的输出角能以最小的误差实现运动规律 $\psi = \psi_0 + \dfrac{2}{3\pi}(\varphi - \varphi_0)^2$，其中 φ_0 和 ψ_0 分别为摇杆在左右极限位置时曲柄和摇杆的位置角。另外，设计要求机构在运动过程中的传动角范围为 $45° \leqslant \gamma \leqslant 135°$。

解 首先建立数学模型。四杆机构的曲柄和摇杆之间的转角函数关系取决于各杆的相对长度。为减少设计变量的数量，这里取曲柄为长度单位 $a = 1$，并根据机构所在空间的布置情况取机架相对长度 $d = 5$，则运动的函数关系仅取决于连杆及摇杆的相对长度 b 和 c。

该机构的优化设计变量为

$$\boldsymbol{X} = \begin{bmatrix} b \\ c \end{bmatrix} = \begin{bmatrix} x_1 \\ x_2 \end{bmatrix}$$

按照曲柄存在条件和设计变量边界限制条件，有

$$\begin{cases} -x_1 - x_2 \leqslant a + d \\ x_2 - x_3 \leqslant d - a \\ 1 \leqslant x_1 \leqslant 7 \\ 1 \leqslant x_2 \leqslant 7 \end{cases}$$

按平方和误差形式建立目标函数：

$$F(\boldsymbol{X}) = \sum_{i=1}^m (\psi_i - \bar{\psi}_i)^2$$

式中，$\bar{\psi}_i$ 为期望输出角，$\bar{\psi}_i = \psi_0 + \dfrac{2}{3\pi}(\psi_i - \varphi_0)^2 \,(i = 1, 2, \cdots, m)$；$\psi_i$ 为机构中摇杆实际输出角，参考图 9 - 7，其值为

$$\psi_i = \begin{cases} \pi - \alpha_i - \beta_i & (0 < \varphi_i \leqslant \pi) \\ \pi - \alpha_i + \beta_i & (\pi < \varphi_i \leqslant 2\pi) \end{cases}$$

式中：

$$\alpha_i = \arccos \frac{r_i^2 + x_2^2 - x_1^2}{2 r_i x_2}$$

$$\beta_i = \arccos \frac{r_i^2 + d^2 - a^2}{2 r_i d}$$

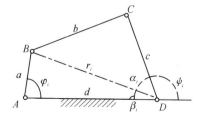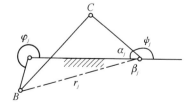

图 9 - 7 机构中摇杆实际输出角

$$r_i = \sqrt{a^2 + d^2 - 2ad\cos\varphi_i}$$

其中：将曲柄转角范围分成 m 等份，于是有

$$\varphi_i = \varphi_0 + \frac{i}{m} \times \frac{\pi}{2}$$

其中：

$$\varphi_0 = \arccos\frac{(a+x)^2 - x_2^2 + d^2}{2d(a+x_1)}$$

由 ψ_i 的表达式得

$$\psi_0 = \arccos\frac{(a+x)^2 - x_2^2 - d^2}{2dx_2}$$

传动角限定设计的约束条件如下：

$$\begin{cases} g_1(x) = \arccos\dfrac{(a+d)^2 - x_1^2 - x_2^2}{2x_1 x_2} - \gamma_{max} \leqslant 0 \\[3mm] g_2(x) = \gamma_{min} - \arccos\dfrac{x_1^2 + x_2^2 - (d-a)^2}{2x_1 x_2} \leqslant 0 \end{cases}$$

根据上述表达式，编写 MATLAB 计算程序如下：

```
clc; clear; close all
%设计变量的初始值
x0=[5;2];
%曲柄相对长度
a=1;
%机架相对长度
d=5;
%线性不等式约束(g1(x)和 g2(x))中变量的系数矩阵
AA=[-1, -1; 1, -1];
%线性不等式约束(g1(x)和 g2(x))中的常数项列阵
BB=[-(a+d); d-a];
%设计变量的下界与上界
lb=[1;1];
ub=[7;7];
%传动角范围(度)
gama=[45,135];
%使用多维约束优化命令 fmincon 进行优化求解
options=optimset('LargeScale', 'off');
[x, fn]=fmincon(@(x)mbys(x, a, d), x0, AA, BB, ...
        [],[], lb, ub, @(x)blys(x, a, d, gama), options);
%调用 MATLAB 优化工具箱中求解非线性规划问题的函数 fmincon
%连杆机构优化设计结构显示
txt={['连杆相对长度=', num2str(x(1))];
    ['摇杆相对长度=', num2str(x(2))];
```

```
['输出角平方误差之和＝',num2str(fn)]};
CreateStruct.WindowStyle='replace';
CreateStruct.Interpreter='tex';
Data=10:30;
msgbox(txt,'优化结果显示','custom',Data,hot(64),CreateStruct);
```

其中，mbys 函数和 blys 函数代码如下：

```
function f=mbys(x,a,d)
s=30;%将输入角分成30等份
f=0;
phi0=acos(((a+x(1))^2-x(2)^2+d^2)/(2*(a+x(1))*d));%曲柄初始角
pu0=acos(((a+x(1))^2-x(2)^2-d^2)/(2*x(2)*d));%摇杆初始角
for i=1:s
    phi=phi0+0.5*pi*i/s;
    pu=pu0+2*(phi-phi0)^2/(3*pi);
    ri=sqrt(a^2+d^2-2*a*d*cos(phi));
    alph=acos((ri^2+x(2)^2-x(1)^2)/(2*ri*x(2)));
    beta=acos((ri^2+d^2-a^2)/(2*ri*d));
    psi=(phi>0&phi≤pi)*(pi-alph-beta)+(phi>pi&phi≤2*pi)*(pi-alph+beta);
    f=f+(pu-psi)^2;%输出角度平方误差和
end


function [g,ceq]=blys(x,a,d,gama)
gamin=gama(1)*pi/180;
gamax=gama(2)*pi/180;%最小传动角约束
g(1)=gamin-acos((x(1)^2+x(2)^2-(d-a)^2)/(2*x(1)*x(2)));
%最大传动角约束
g(2)=acos((x(1)^2+x(2)^2-(d+a)^2)/(2*x(1)*x(2)))-gamax;
ceq=[];
end
```

运行主程序，输出结果如图 9-8 所示。

图 9-8　优化结果输出

9.3　平面连杆机构运动分析

对四杆机构进行运动分析的意义是：在机构尺寸参数已知的情况下，假定主动件（曲柄）做匀速转动，撇开力的作用，仅从运动几何关系上分析从动件（连杆、摇杆）的角位移、角速度、角加速度等运动参数的变化情况。还可以根据机构闭环矢量方程计算从动件的位移偏差。无论是设计新的机械，还是了解现有机械的运动性能，机构运动分析都是十分必要的，而且它还为研究机械运动性能和动力性能提供必要的依据。

机构运动分析的方法很多，主要有图解法和解析法。

当需要简捷、直观地了解机构的某个或某几个位置的运动特性时，采用图解法比较方便，而且精度也能满足实际问题的要求。

当需要精确地知道或要了解机构在整个运动循环过程中的运动特性时，采用解析法并借助计算机，不仅可获得很高的计算精度及一系列位置的分析结果，并能绘制机构相应的运动线图，同时还可以把机构分析和机构综合问题联系起来，以便于机构的优化设计。

平面连杆机构工作原理为组成平面连杆机构周转副的两杆中必有一杆为最短杆，且其最短杆为连架杆或机架（当最短杆为连架杆时，四杆机构为曲柄摇杆机构；当最短杆为机架时，则为双曲柄机构）。在如图 9-9 所示的双曲柄摇杆机构中，构件 AB 为曲柄，则 B 点应能通过曲柄与连杆两次共线的位置。

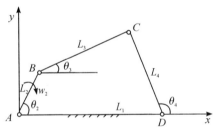

图 9-9　双曲柄机构

在用矢量法建立机构的位置方程时，需将构件用矢量表示，并作出机构的封闭矢量多边形。如图 9-8 所示，先建立一直角坐标系。设各构件的长度分别为 L_1、L_2、L_3、L_4，其方位角为 θ_1、θ_2、θ_3、θ_4。

以各杆矢量组成一个封闭矢量多边形，即 $ABCDA$。各矢量之和必等于零，即

$$\boldsymbol{L}_1 + \boldsymbol{L}_2 = \boldsymbol{L}_3 + \boldsymbol{L}_4 \tag{9-13}$$

式（9-13）为图 9-9 所示四杆机构的封闭矢量位置方程式。对于一个特定的四杆机构，其各构件的长度和原动件 2 的运动规律（即 θ_2 随时间的变化曲线）已知，而 $\theta_1 = 0$，故由此矢量方程可求得未知方位角 θ_3、θ_4，角位移方程的分量形式为

$$\begin{cases} L_2\cos\theta_2 + L_3\cos\theta_3 = L_1\cos\theta_1 + L_4\cos\theta_4 \\ L_2\sin\theta_2 + L_3\sin\theta_3 = L_1\sin\theta_1 + L_4\sin\theta_4 \end{cases} \tag{9-14}$$

闭环矢量方程的分量形式对时间求一阶导数（角速度方程）：

$$\begin{cases} -L_3 w_3\sin\theta_3 + L_4 w_4\sin\theta_4 = L_2 w_2\cos\theta_2 \\ L_3 w_3\sin\theta_3 + L_4 w_4\sin\theta_4 = -L_2 w_2\cos\theta_2 \end{cases} \tag{9-15}$$

其矩阵形式为

$$\begin{pmatrix} -L_3\sin\theta_3 & L_4\sin\theta_4 \\ L_3\cos\theta_3 & -L_4\sin\theta_4 \end{pmatrix}\begin{pmatrix} w_3 \\ w_4 \end{pmatrix} = \begin{pmatrix} w_2 L_2\sin\theta_2 \\ -w_4 L_2\cos\theta_2 \end{pmatrix} \tag{9-16}$$

联立式(9-16)两方程可求得

$$\begin{cases} w_3 = -\dfrac{w_2 L_2\sin(\theta_2-\theta_4)}{L_3\sin(\theta_3-\theta_4)} \\ w_4 = \dfrac{w_2 L_2\sin(\theta_2-\theta_3)}{L_4\sin(\theta_4-\theta_3)} \end{cases} \tag{9-17}$$

闭环矢量方程的分量形式对时间求二阶导数(角加速度方程)的矩阵形式为

$$\begin{pmatrix} -L_3\sin\theta_3 & L_4\sin\theta_4 \\ L_3\cos\theta_3 & -L_4\sin\theta_4 \end{pmatrix}\begin{pmatrix} w_3 \\ w_4 \end{pmatrix} = \begin{pmatrix} \alpha_2 L_2\sin\theta_2 + w_2^2 L_2\cos\theta_2 + w_3^2 L_3\cos\theta_3 - w_4^2 L_4\cos\theta_4 \\ -\alpha_2 L_2\sin\theta_2 + w_2^2 L_3\sin\theta_3 + w_3^3 L_3\sin\theta_3 - w_4^3 L_4\sin\theta_4 \end{pmatrix} \tag{9-18}$$

由式(9-18)可求得加速度:

$$\begin{cases} \alpha_3 = \dfrac{-w_2^2 L_2\cos(\theta_2-\theta_4) - w_3^2 L_3\cos(\theta_3-\theta_4) + w_4^2 L_4}{L_4\sin(\theta_3-\theta_4)} \\ \alpha_4 = \dfrac{w_2^2 L_2\cos(\theta_2-\theta_3) - w_4^2 L_4\cos(\theta_4-\theta_3) + w_3^2 L_3}{L_4\sin(\theta_4-\theta_3)} \end{cases} \tag{9-19}$$

式中, $L_i(i=1,2,3,4)$ 分别表示机架1、曲柄2、连杆3、摇杆4的长度; $\theta_i(i=1,2,3,4)$ 是各杆与 x 轴的正向夹角,逆时针为正,顺时针为负,单位为 rad; w_i 是各杆的角速度,单位为 rad/s; α_2 为各杆的角加速度,单位为 rad/s²。

【例 9-3】　根据以上表达式,可编制如下程序对该机构进行运动分析。

```
%.矢量法进行曲柄摇杆机构的运动分析
%.n1 曲柄转速
clc; clear; close all
M=-1; %装配模式
omiga1=pi * n1/30;
theta1=0: 10: 360;
theta1=theta1 * pi/180;
A=2 * L1 * L2 * sin(theta1);
B=2 * L2 * (L1 * cos(theta1)-L4);
C=L1^2 + L2^2 + L4^2 - L3^2 - 2 * L1 * L4 * cos(theta1);
E=2 * L1 * L3 * sin(theta1);
F=2 * L3 * (L1 * cos(theta1)-L4);
G=L2^2-L1^1-L3^2-L4^2+2 * L1 * L4 * cos(theta1);
theta3=2 * atan((E + M * sqrt(E.^2 +F.^2 - G.^2)) ./(F-G));
theta2=2 * atan((A + M * sqrt(A.^2 + B.^2- C.^2)) ./(B-C));
bx=L1 * cos(theta1);
by=L1 * sin(theta1);
cx=bx + L2 * cos(theta2);
cy=by + L2 * sin(theta2);
```

%连杆角速度

omiga2＝omiga1 * L1 * sin(theta1－theta3)./(L2 * sin(theta3－theta2));

omiga3＝omiga1 * L2 * sin(theta1－theta2)./(L3 * sin(theta3－theta2));

%连杆加速度

alph3＝(omiga1^2 * L1 * cos(theta1－theta2)＋omiga2.^2 * L2－omiga3.^2 * L3. * ...

cos(theta3－theta2))./(L3 * sin(theta3－theta2));

alph2＝(－omiga1^2 * L1 * cos(theta1－theta3)＋omiga3.^2 * L3－omiga2.^2 * ...

L2. * cos(theta2－theta3))./(L2 * sin(theta2－theta3));

【例 9 - 4】　下面以牛头刨床主体机构(见图 9 - 10)为例,详细说明矩阵法进行机构运动分析的方法和具体实现过程。

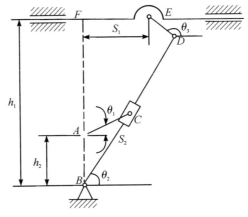

图 9 - 10　牛头刨床主体机构

设曲柄 AC 以 n_1 逆时针匀速转动。

　　解　首先建立机构的位置方程,本机构有两个闭链 $ABCA$ 和 $BDEFB$,在闭链 $ABCA$ 中得

$$\left(\begin{array}{l} L_{AC}\cos\theta_1 = S_2\cos\theta_2 \\ L_{AC}\sin\theta_1 = S_2\sin\theta_2 - h_2 \end{array} \right)$$

在闭链 $BDEFB$ 中得

$$\left(\begin{array}{l} S_1 = L_{DE}\cos\theta_3 + L_{BD}\cos\theta_2 \\ h_1 = L_{DE}\sin\theta_3 + L_{BD}\sin\theta_2 \end{array} \right)$$

解得

$$S_2 = \sqrt{L_{AC}^2 + h_2^2 + 2h_2 L_{AC}\sin\theta_1}$$

$$\theta_2 = \arccos\frac{L_{AC}\cos\theta_1}{S_2}$$

$$\theta_3 = \pi - \arcsin\frac{h_1 - L_{BD}\sin\theta_2}{L_{DE}}$$

$$S_1 = L_{DE}\cos\theta_3 + L_{BD}\cos\theta_2$$

式中各参数的意义如图 9 - 10 所示。

　　然后分别将位置方程式对时间求一次、二次导数，即得到机构的速度方程，并将其表示为矩阵形式。

　　速度方程为

$$A\dot{x} = B$$

其中：

$$A = \begin{bmatrix} 0 & \cos\theta_2 & -S_2\sin\theta_2 & 0 \\ 0 & \sin\theta_2 & S_2\cos\theta_2 & 0 \\ -1 & 0 & -L_{BD}\sin\theta_2 & -L_{DE}\sin\theta_3 \\ 0 & 0 & L_{BD}\cos\theta_2 & L_{DE}\cos\theta_3 \end{bmatrix}$$

$$\dot{x} = \begin{bmatrix} \dot{S}_1 & \dot{S}_2 & \dot{\theta}_2 & \dot{\theta}_3 \end{bmatrix}^{\mathrm{T}}$$

$$B = \begin{bmatrix} -L_{AC}\dot{\theta}_1\cos\theta_1 & L_{AC}\dot{\theta}_1\cos\theta_1 & 0 & 0 \end{bmatrix}^{\mathrm{T}}$$

同理可得加速度方程，根据以上原理，对该机构进行运动分析程序如下：

```
%.n1 曲柄转速
clc; clear; close all
w1＝2 * pi * n1/60;
dy1＝[];
ddy1＝[];
Pos＝[];
for theta1＝0:pi/10:2 * pi
    s2＝sqrt(Lac^2＋h2^2＋2 * h2 * Lac * sin(theta1));
    theta2＝acos(Lac * cos(theta1)/s2);
    alpha＝abs(asin((h1－Lbd * sin(theta2))/Lde) * 180/pi);
    theta3＝pi－asin((h1－Lbd * sin(theta2))/Lde);
    s1＝Lde * cos(theta3)＋Lbd * cos(theta2);
    ss＝[theta1, theta2, theta3, s1, s2]';
    Pos＝[Pos, ss];
    A＝[0, cos(theta2), －s2 * sin(theta2), 0;
        0, sin(theta2), s2 * cos(theta2), 0;
        1, 0, Lbd * sin(theta2), Lde * sin(theta3);
        0, 0, Lbd * cos(theta2), Lde * cos(theta3)];
    B＝[－Lac * sin(theta1) * w1, w1 * Lac * cos(theta1), 0, 0]';
    dy＝A\B;
    dy1＝[dy1, dy];
    dA＝[0, －sin(theta2) * dy(3), －dy(2) * sin(theta2)－s2 * cos(theta2) * dy(3), 0; ...
        0, cos(theta2) * dy(3), dy(2) * cos(theta2)－s2 * sin(theta2) * dy(4), 0; ...
        0, 0, －Lbd * cos(theta2) * dy(3), －Lde * cos(theta3) * dy(4); ...
        0, 0, －Lbd * sin(theta2) * dy(3), －Lde * sin(theta3) * dy(4)];
    dB＝[－Lac * cos(theta1) * w1^2, －w1^2 * Lac * sin(theta1), 0, 0]';
    ddy＝A\(dB－dA * dy);
    ddy1＝[ddy1, ddy];
```

```
    end
    theta1=Pos(1,:) * 180/pi;
    theta2=Pos(2,:) * 180/pi;
    theta3=Pos(3,:) * 180/pi;
    S1=Pos(4,:);  %. 滑枕位移
    S2=Pos(5,:);
    omiga2=dy1(3,:);
    omiga3=dy1(4,:);
    v1=dy1(1,:);  %. 滑枕速度
    v2=dy1(2,:);
    Alph2=ddy1(3,:);
    Alph3=ddy1(4,:)
    Acc1=ddy1(1,:);  %. 滑枕加速度
    Acc2=ddy1(2,:);
```

9.4　思　考　练　习

1. 图 9-1 所示的四杆机构中，已知 $BC=50$ mm，$DC=35$ mm，$AD=30$ mm。

（1）若此机构为曲柄摇杆机构，且 AB 杆为曲柄，AB 最大值为多少？

（2）若此机构为双曲柄机构，AB 最大值为多少？其取值范围为多少？

（3）若此机构为双摇杆机构，AB 最大值为多少？其取值范围为多少？

（4）若 $AB=15$ mm，该机构的行程速比系数 K 是多少？最小传动角 $\gamma_{\min}$ 为多少（用 MATLAB 求解）

2. 设计一曲柄滑块机构（见图 9-5）。已知滑块的行程速比系数 $K=1.5$，滑块的行程 $h=50$ mm，导路的偏距 $e=20$ mm，求曲柄长度和连杆长度。

3. 如图 9-5 所示，给定滑块行程 h、导路偏距 e、机构的最大压力角 $\alpha_{\max}$，设计曲柄滑块机构。

4. 补充完整例 9-4 中加速度方程的矩阵形式。

5. 图 9-2 所示的曲柄滑块机构，已知行程为 50 mm，$BC=150$ mm，$e=25$ mm，曲柄以 $n=955$ r/min 逆时针匀速转动，分析该机构的运动。

第 10 章　Simulink 动态仿真设计

在 MATLAB 环境中，Simulink 是 MATLAB 的一个工具箱，但它与其他工具箱的不同之处在于它独特的界面以及与之相连的独特"编程技术"，更大的区别是 Simulink 的源代码不是开放的。本章将要介绍 Simulink 仿真环境、模块库的主要内容及模块库的创建，并通过实例介绍 Simulink 仿真分析的相关技术。

10.1　Simulink 仿真环境

Simulink 具有良好的图形交互界面，主要用来实现对工程问题的模型化及动态仿真。Simulink 采用模块组合的方法使用户能够快速、准确地创建动态系统的计算机模型，使得建模仿真如同搭积木一样简单，体现了模块化设计和系统级仿真的思想。

Simulink 仿真环境包括 Simulink 仿真平台和 Simulink 模块库。从 MATLAB 窗口进入 Simulink 仿真平台的方法有以下两种：

（1）在 MATLAB 的命令行窗口中输入 Simulink，如图 10 - 1 所示，按【Enter】键，随后单击【空白模型】按钮，进入 Simulink 仿真平台界面。

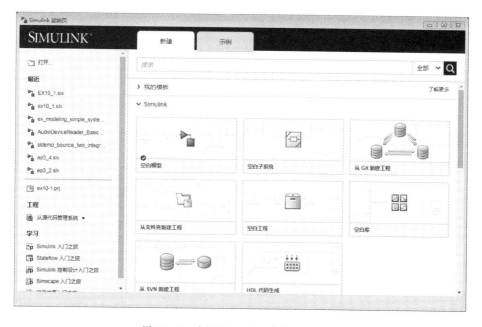

图 10 - 1　打开 Simulink 仿真平台界面

（2）单击 MATLAB 浏览器窗口工具栏上的【Simulink】按钮，进入仿真平台界面，如图 10 - 2 所示。

图 10 - 2   打开 Simulink 仿真平台的按钮

完成上述操作后可进入如图 10 - 3 所示的 Simulink 仿真平台界面。仿真平台标题栏上的 untitled 表示一个尚未命名的新模型文件。

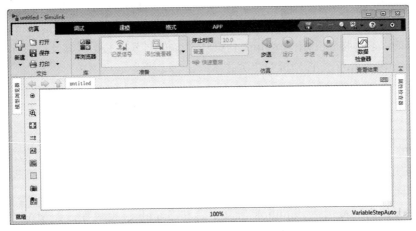

图 10 - 3   Simulink 仿真平台界面

单击 Simulink 仿真界面工具栏中的【库浏览器】按钮，打开【Simulink 库浏览器】窗口，如图 10 - 4 所示。

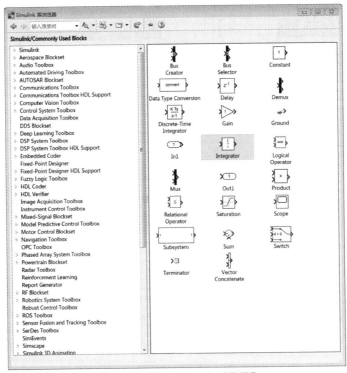

图 10 - 4   【Simulink 库浏览器】

单击窗口右上角的叉号,关闭 Simulink 仿真平台和 Simulink 库浏览器窗口,即可退出 Simulink 仿真环境。

10.2　Simulink 模块库

Simulink 模块库的特点之一就是提供了很多基本模块供用户直接调用,可以让用户把更多的精力投入到系统模型本身的结构和算法研究上。Simulink 模块库包括标准模块库和专业模块库两大类。

10.2.1　标准模块库

标准模块库在 Simulink 窗口中名为 Simulink。单击该选项,在模块窗口中展开该模块库,如图 10 - 5 所示。标准模块库包含很多子库。

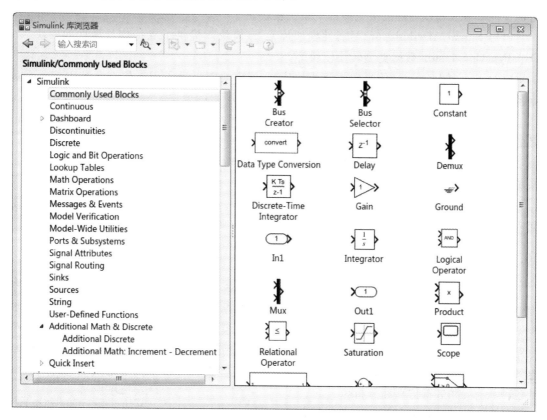

图 10 - 5　标准模块库

(1) Commonly Used Blocks(常用模块库):该模块库将各模块库中最经常使用的模块放在一起,目的是方便用户使用。

(2) Continuous(连续系统模块库):该模块库提供了用于构建连续控制系统仿真模型的模块。

(3) Discontinuities(非连续系统模块库):该模块库用于模拟各种非线性环节。

(4) Discrete(离散系统模块库):该模块库的功能与连续系统模块库的功能相对应,但它用于对离散信号的处理，所包含的模块较丰富。

（5）Logic and Bit Operations（逻辑和位操作模块库）：该模块库提供了用于完成各种逻辑与位操作（包括逻辑比较、位设置等）的模块。

（6）Lookup Tables（查表模块库）：该模块库提供了一维查表模块、n 维查表模块等，主要功能是利用查表法近似拟合函数值。

（7）Math Operations（数学运算模块库）：该模块库提供了用于完成各种数学运算（包括加、减、乘、除以及复数计算、函数计算等）的模块。

（8）Model Verification（声明模块库）：该模块库提供了显示声明的模块，如 Assertion 声明模块和 CheckDynamicRange 检查动态范围模块。

（9）Model-Wide Utilities（模块扩充功能库）：该模块库提供了支持模块扩充操作的模块，如 DocBlock 文档模块等。

（10）Ports&Subsystems（端口和子系统模块库）：该模块库提供了许多按条件判断执行的使能和触发模块，还包括重要的子系统模块。

（11）Signal Attributes（信号属性模块库）：该模块库提供了支持信号属性的模块，如 DataTypeConversion 数据类型转换模块等。

（12）Signal Routing（信号数据流模块库）：该模块库提供了用于仿真系统中信号和数据各种流向控制操作（包括合并、分离、选择、数据读写）的模块。

（13）Sinks（接收器模块库）：该模块库提供了 9 种常用的显示和记录仪表，用于观察信号的波形或记录信号的数据。

（14）Sources（信号源模块库）：该模块库提供了 20 多种常用的信号发生器，用于产生系统的激励信号，并且可以从 MATLAB 工作空间及 .mat 文件中读入信号数据。

（15）User-Defined Functions（用户自定义函数库）：该模块库的模块可以在系统模型中插入 M 函数、S 函数以及自定义函数等，使系统的仿真功能更强大。

10.2.2 专业模块库

在图 10 - 4 所示的 Simulink 窗口中的标准模块库下面还有许多其他模块库，这些就是专业模块库。它们是各领域专家为满足特殊需要在标准模块库的基础上开发出来的，如 Sim Power Systems（电力系统模块库）等。电力系统模块库是专用于 *RLC* 电路、电力电子电路、电机传动控制系统和电力系统仿真的模块库。该模块库中包含了各种交直流电源、电气元器件、电工测量仪表以及分析工具等。利用这些模块可以模拟电力系统运行和故障的各种状态，并进行仿真和分析。

各专业模块库涉及较深的专业知识，用户若有应用，可查看 MATLAB 帮助文档。

10.3 Simulink 的基本操作和模块的创建

10.3.1 模块的基本操作

模块是系统模型中最基本的元素，不同模块代表不同的功能。各模块的大小、放置方向、标签、参数等都可以设置调整。Simulink 中模块的基本操作方法如表 10 - 1 所示。

表 10-1　Simulink 中模块的基本操作方法

操作内容	操作目的	操 作 方 法
选取模块	从模块库浏览器中选取需要的模块放入 Simulink 仿真平台窗口中	方法 1：在目标模块上按下鼠标左键，拖动目标模块进入 Simulink 仿真平台，松开左键 方法 2：在目标模块上单击鼠标右键，弹出快捷菜单，选择【Addtountitled】选项
删除模块	删除窗口中不需要的模块	选中模块，按【Delete】键
调整模块大小	改善模型的外观，调整整个模型的布置	选中模块，模块四角将出现小方块。单击一个角上的小方块并按住鼠标左键，拖曳模块到大小合适的位置
移动模块	将模块移动到合适位置，调整整个模型的布置	单击模块，拖曳模块到合适的位置，松开鼠标按键
旋转模块	适应实际系统的方向，调整整个模型的布置	方法 1：选中模块，选择菜单命令【Diagram】→【Rotate&Flip】→【Clockwise】，模块顺时针旋转 90°；选择菜单命令【Diagram】→【Rotate&Flip】→【Counterclockwise】，模块逆时针旋转 180°；选择菜单命令【Diagram】→【Rotate&Flip】→【FlipBlock】，模块左右或上下翻转；选择菜单命令【Diagram】→【Rotate&Flip】→【FlipBlockName】，模块左右或上下翻转模块名字 方法 2：右键单击目标模块，在弹出的快捷菜单中进行与方法 1 同样的菜单项选择
复制内部模块	内部复制已经设置好的模块，而不用重新到模块库浏览器中选取	方法 1：先按住【Ctrl】键，再单击模块，拖曳模块到合适的位置，松开鼠标按键 方法 2：选中模块，使用【Edit】→【Copy】及【Edit】→【Paste】命令
模块参数调整	按照用户意愿调整模块的参数，满足仿真需要	方法 1：双击模块，弹出【…BlockParameter…】对话框，修改参数 方法 2：右键单击目标模块，在弹出的快捷菜单中点击【…Parameter】选项，弹出【…BlockParameter…】对话框
改变标签内容	按照用户意愿对模块进行命名，增强模型的可读性	在标签的任何位置单击鼠标左键，进入模块标签的编辑状态，输入新的标签，在标签编辑框外的窗口中的任何地方单击鼠标左键退出

10.3.2　信号线的基本操作

信号线是系统模型中另一类最基本的元素，熟悉和正确使用信号线是创建模型的基础。Simulink 中的信号线并不是简单的连线，它具有一定流向属性且不可逆，表示实际模型中信号的流向。Simulink 中信号线的基本操作方法如表 10-2 所示。

表 10-2   Simulink 中信号线的基本操作方法

操作内容	操作目的	操 作 方 法
在模块间连线	在两个模块之间建立信号联系	在上级模块的输出端按住鼠标左键，拖动至下级模块的输入端，松开鼠标左键
移动线段	调整线段的位置，改善模型的外观	选中目标线段，按住鼠标左键，拖曳到目标位置，松开鼠标左键
移动节点	可改变折线的走向，改善模型的外观	选中目标节点，按住鼠标左键，拖曳到目标位置，松开鼠标左键
画分支信号线	从一个节点引出多条信号线，应用于不同目的	方法 1：先按住【Ctrl】键，再选中信号引出点，按住鼠标左键，拖曳到下级目标模块的信号输入端，松开鼠标左键。 方法 2：选中信号引出线，在信号引出点按住鼠标右键，拖曳到下级目标模块的信号输入端，松开鼠标右键
删除信号线	删除窗口中不需要的线段或断开模块间连线	选中目标信号线，按【Delete】键
信号线标签	设定信号线的标签，增强模型的可读性	双击要标注的信号线，进入标签的编辑区，输入信号线标签的内容，在标签编辑框外的窗口中单击鼠标退出

10.3.3   系统模型的基本操作

除了熟悉模块和信号线的基本操作方法，用户还需要熟悉 Simulink 系统模型本身的基本操作，包括模型的创建、打开、保存以及注释等。Simulink 中系统模型的基本操作方法如表 10-3 所示。

表 10-3   Simulink 中系统模型的基本操作方法

操作内容	操作目的	操 作 方 法
创建模型	创建一个新的模型	方法 1：选择 MATLAB 菜单命令【Home】→【New】→【SimulinkModel】。 方法 2：单击 Simulink 模块库浏览器窗口的【ENewModel】(新模型)按键
打开模型	打开一个已有的模型	方法 1：选择 MATLAB 菜单命令【Home】→【Open】。 方法 2：单击 Simulink 模块库浏览器窗口的【OpenModel】(打开模型)按键
保存模型	保存仿真平台中的模型	方法 1：选择 Simulink 仿真平台窗口的菜单命令【File】→【Save】或者【File】→【Save as】。 方法 2：单击 Simulink 仿真平台窗口的【Save】(保存)按键
注释模型	使模型更易读懂	在模型窗口中的任何想要加注释的位置双击鼠标，进入注释文字编辑框，输入注释内容，在窗口中任何其他位置单击鼠标退出

如图 10 - 6 所示，在模型中加入注释文字，使模型更具可读性。

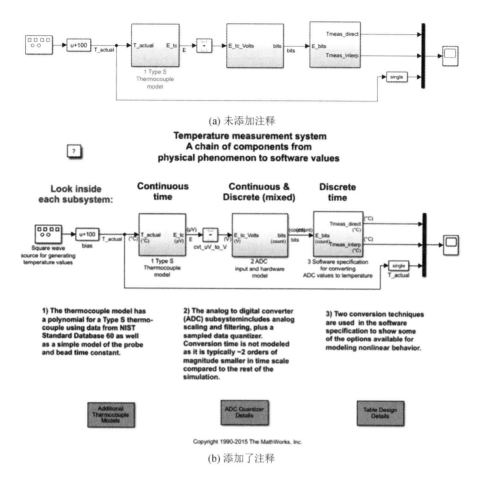

(a) 未添加注释

(b) 添加了注释

图 10 - 6　添加注释文字

10.3.4　子系统的建立

一般而言，规模较大的系统仿真模型，都包含了数量可观的各种模块。如果这些模块都直接显示在 Simulink 仿真平台窗口中，仿真平台窗口将显得拥挤、杂乱，不利于用户建模和分析。用户可以把实现同一种功能或几种功能的多个模块组合成一个子系统，从而简化模型，其效果如同其他高级语言中子程序和子函数的功能一样。

在 Simulink 中创建子系统一般有两种方法：

1. 子系统模块

模块库浏览器中有一个 Subsystem 的子系统模块，可以往该模块里添加组成子系统的各种模块。该方法适合于采用自上而下设计方式的用户，具体实现步骤如下：

（1）新建一个空白模型。

（2）打开"端口和子系统"模块库，选取其中的 Subsystem（子系统）模块，并把它复制到新建的仿真平台窗口中。

（3）双击 Subsystem 模块，此时可以弹出子系统编辑窗口。系统自动在该窗口中添加一个输入和输出端子，命名为 In1 和 Out1，这是子系统与外部联系的端口，如图 10 - 7 所示。

图 10 - 7　子系统与外部联系的端口

（4）将组成子系统的所有模块都添加到该子系统中，并将添加的模块进行合理排列。

（5）根据要求用信号线连接各模块。

（6）修改外接端子标签并重新定义子系统标签，使子系统更具可读性。

2. 组合已存在的模块

该方法要求在用户的模型中已存在组合子系统所需的所有模块，并且已做好正确的连接。这种方法适合于采用自下而上设计方式的用户，具体实现步骤如下：

（1）打开已经存在的模型。

（2）选中要组合到子系统中的所有对象，包括各模块及其连线。

（3）选择菜单栏中的建模→创建子系统命令，模型自动转换成子系统。

（4）修改外接端子标签并重新定义子系统标签，使子系统更具可读性。

将如图 10 - 8 所示的模型用第 2 种方法创建子系统，创建子系统如图 10 - 9 所示。图 10 - 8 中黑色方框选中的是要组合到子系统中的所有对象，转换成子系统后如图 10 - 9 所示，图 10 - 10 表示子系统内部的结构，修改子系统的标签之后模型如图 10 - 11 所示。

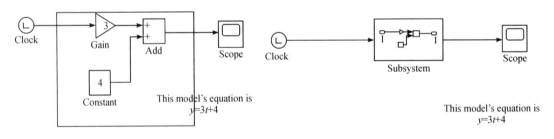

图 10 - 8　选中组合子系统的所有对象　　　　图 10 - 9　转换为子系统

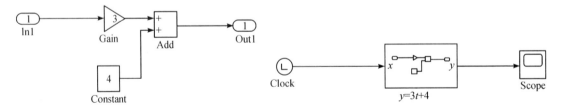

图 10 - 10　子系统内部的结构　　　　图 10 - 11　修改标签之后子系统转换结果

注意：子系统的创建过程比较简单，但是非常有用。仿真系统的信号源和输出显示模块一般不放进子系统内部。

10.4 Simulink 系统建模

前面已论述了 Simulink 建模中的一些基本操作方法，下面将对创建 Simulink 模型的步骤进行分析。Simulink 系统建模的过程和具体操作步骤一般如下。

（1）分析待仿真系统，确定待建模型的功能需求和结构。

（2）启动模块库浏览器窗口，执行菜单栏中的"空白模块"命令，新建一个模型文件。

（3）在模块库浏览器窗口中找到模型所需的各模块，并分别将其拖曳到新建的仿真平台窗口中。

（4）将各模块适当排列，并用信号线将其正确连接。

注意：在建模之前应对模块和信号线有一个整体、清晰和仔细的安排，这样在建模时会省去很多麻烦；模块的输入端只能和上级末端的输出端相连接；模块的每个输入端必须要有指定的输入信号，但输出端可以空置。

（5）对模块和信号线重新标注。

（6）依据实际需要对相应模块设置合适的参数值。

（7）如有必要，可对模型进行子系统建立和封装处理。

（8）保存模型文件。

【例 10 - 1】 请采用 Simulink 建立下列二元一次微分方程仿真模型

$$m\ddot{x} + c\dot{x} + kx = F(t)$$

其中，m、c 和 k 分别表示质量、阻尼和刚度，$F(t)$ 表示激振力，x 表示振动位移，x 的一阶导数和二阶导数分别表示速度和加速度。

解 （1）分析仿真系统。上述二元一次微分方程描述了物体振动过程，为了方便建立模型，将上述方程变形为

$$\ddot{x} = \frac{1}{m}(F(t) - c\dot{x} - kx)$$

通过上述变形，x 和 $\dot{x}$ 可以通过 $\ddot{x}$ 的二阶导数进行积分得到，而积分过程可以采用 Simulink 中的积分模块执行。

（2）创建 Simulink 模型文件。创建如图 10 - 12 所示的 Simulink 模型文件。

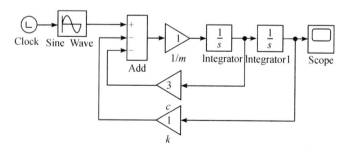

图 10 - 12 未修饰的仿真系统图

其中，Sine Wave 模块用于模拟激振力；Clock 为 Sine Wave 模块提供时间参数；Add 模块对输入数据流进行加减运算；成三角形的模块为 Gain 模块，在这里分别表示质量，阻尼和

刚度输入；Integrator 对输入数据进行积分操作；Scope 模块为示波器模块，可提供数据图形化显示功能。

（3）设置模块参数。根据系统的实际物理意义，修改各模块标签名称，本例中模型比较简单，除了质量，阻尼和刚度用同样的 Gain 模块表示外，其余模块并不容易混淆，且物理意义比较明确，因此在模型中，修改模块标签名称意义不大，此处不再修改，维持原模型状态。

（4）创建子系统。对于复杂的仿真模型，如果将所有仿真模块放到一个层级，将显得特别杂乱，不利于后续模块调试，因此可将部分模块进行子系统创建，这样整个模型就可以通过多个子系统相互连接而成，从表现形式上更为简化和明确，也有利于后续的模型调试。在创建子系统时，必须结合模型的物理意义进行创建，这样才能达到形式上与物理表达上的完美统一，选中如图 10 - 13(a) 所示阴影框中的所有模块，单击鼠标右键，选择建模窗口中的"创建子系统"，模型自动转换成子系统，修改其标签为"振动模型"。至此，子系统的创建及封装工作基本完成，系统最终模型如图 10 - 13(b) 所示。

（5）保存模型文件，文件名为"Ex10_1.slx"。

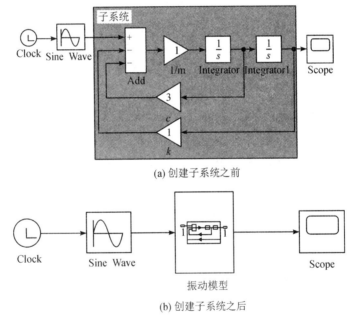

(a) 创建子系统之前

(b) 创建子系统之后

图 10 - 13　创建子系统

10.5　Simulink 的运行仿真

　　Simulink 系统建模之后，便是运行仿真，以检验模型建立得是否正确与完善，一般通过系统的状态或输出来观测系统的运行过程。下面将对 Simulink 仿真的运行作详细介绍。

10.5.1　运行仿真过程

　　Simulink 人机交互性较强，一般使用窗口菜单命令进行仿真。用户很容易地进行仿真解法以及仿真参数的选择、定义和修改等操作。使用窗口菜单命令进行仿真主要可以完成以下操作过程。

1. 设置仿真参数

选择 Simulink 仿真平台窗口菜单命令【建模】→【模型设置】,如图 10 - 14 所示进入模型参数设置窗口。选择菜单命令后会显示【配置参数】对话框,如图 10 - 15 所示。

图 10 - 14　模型参数设置窗口

图 10 - 15　【配置参数】对话框

此对话框包含的主要属性的内容及功能如下:

(1) 求解器:设置仿真的起始和终止时间,设置积分解法以及步长等参数。

(2) 数据导入/导出:Simulink 和 MATLAB 工作空间数据的输入和输出设定,以及数据存储时的格式、长度等参数设置。

(3) 诊断:允许用户选择在仿真过程中警告信息显示等级。

选择适当的算法并设置好其他仿真参数后,选择对话框中的【OK】或【Apply】按钮,使修改的设置生效。

2. 启动仿真

完成仿真参数的设置后,就可以开始仿真。确认待仿真的仿真平台窗口为当前窗口,选择菜单命令【建模】→【运行】或单击工具栏中的 图标启动仿真。

3. 显示仿真结果

如果建立的模型没有错误，选择的参数合适，仿真过程将顺利进行。双击模型中用来显示输出的模块（如 Scope 显示器模块），就可以观察到仿真的结果。也可以在仿真开始前先打开显示输出模块，再开始仿真。

4. 停止仿真

对于仿真时间较长的模型，如果在仿真过程结束之前，用户想要停止此次仿真过程，可以选择菜单命令【建模】|【停止】或单击工具栏中的 图标停止仿真。

5. 仿真诊断

在仿真过程中若出现错误，Simulink 将会终止仿真并弹出【诊断查看器】对话框，如图 10－16 所示。

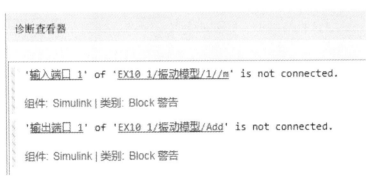

图 10－16 【诊断查看器】对话框

10.5.2 仿真参数的设置

选择菜单命令【建模】→【模型设置】，将显示仿真【配置参数】对话框，如图 10－15 所示。这里介绍解法设置属性页中最常用的设置项，用户可以通过查阅 help 文档了解其他项目的相关内容。

1. 仿真时间

设置仿真时间非常重要，它决定了模型仿真的时间或取值范围，其设置完全根据待仿真系统的特性确定，反映在输出显示上就是示波器的横轴坐标值的取值范围。【开始时间】和【结束时间】项分别用以设置仿真开始时间（或取值范围下限）和终止时间（或取值范围上限），默认值分别为 0.0 和 10.0。

2. 选择仿真算法

在 Simulink 的仿真过程中选择合适的算法是很重要的。仿真算法是求常微分方程、传递函数、状态方程解的数值计算方法，主要有欧拉法（Euler）、阿达姆斯法（Adams）和龙格－库塔法（Runge-Kutta）。由于动态系统的差异性，使得某种算法对某类问题比较有效，而另一种算法对另一类问题更有效。因此，对不同的问题，可以选择不同的适应算法和相应的参数，以得到更准确、快速的解。表 10－4 列出了 Simulink 中的各种仿真算法及其说明。

　　根据仿真步长，Simulink 中提供的常微分方程数值计算的算法大致可以分两类。

　　（1）变步长算法：在仿真过程中可以自动调整步长，一方面通过增大步长提高计算速度，另一方面通过减小步长来提高计算的精度。

　　（2）固定步长算法：在仿真过程中采取基准采样时间作为固定步长。一般而言，使用变步长的自适应算法是比较好的选择。这类算法会按照设定的精确度在各积分段内自适应地寻找最大步长进行积分，从而提高计算效率。

表 10−4　Simulink 中的各种仿真算法及其说明

算法名称		算 法 说 明
变步长算法	ode45	基于显式 Runge-Kutta(4，5) 和 Dormand-Prince 组合的算法，是一种一步算法，即只要前一时间点的解，就可以立即计算当前时间点的方程解。对大多数仿真模型来说，首先使用 ode45 来解算模型是最佳的选择，因此在 Simulink 的算法选择中将 ode45 设为默认的算法
	ode23	基于显式 Runge-Kutta(2，3)、Bogacki-Shampine 相结合的算法，也是一种一步算法。在容许误差和计算略带刚性的问题方面，该算法比 ode45 更好
	ode113	可变阶次的 Adams-Bashforth-Moulton 算法，是一种多步算法，即需要使用前几次节点上的值来计算当前节点的解。在精度要求高的情况下，该算法比 ode45 更合适
	ode15s	一种可变阶次的多步算法，当遇到带刚性(Stiff)的问题时或者使用 ode45 算法很慢时，可以试一试
	ode23s	刚性方程固定阶次的单步解法。在容许误差较大时，比 ode15s 有效。因此，如果系统是刚性系统，可以同时尝试两种方法以确定哪一个更快
	ode23t	一种采用自由内插方法的梯形算法。如果系统为中度刚性且要求解没有数值衰减时，可考虑用此解法
	ode23b	采用 TR-BDF2 算法，即在龙格-库塔法的第一阶段用梯形法，第二阶段用二阶的 Backward Differentiation Formulas 算法。在容差比较大时，ode23tb 和 ode23t 都比 ode15s 要好
	discrete	针对非连续系统(离散系统)的特殊算法
注释模型	ode8	采用固定步长的 8 阶 Dormand-Prince 算法
	ode5	采用固定步长的 5 阶 Dormand-Prince 算法，即固定步长的 ode45 算法
	ode4	采用固定步长的 4 阶 Runge-Kutta 算法
	ode3	采用固定步长的 Bogacki-Shampine 算法
	ode2	采用固定步长的 2 阶 Runge-Kutta 算法，也称 Heun 算法
	ode1	固定步长的 Eular 算法
	discrete	不含积分的固定步长算法，适用于没有连续状态仅有离散状态模型的计算

10.5.3　示波器的使用

Scope 示波器模块是 Simulink 仿真中非常重要的一个模块，不仅可以实现仿真结果波形的显示，而且可以同时保存波形数据，是人机交互的重要手段。

双击示波器模块，即可弹出示波器的窗口界面，如图 10 - 17 所示。示波器模块属性的设置对读者观察和分析仿真结果影响很大，必须进行合适的属性设置才能得到满意的显示效果。

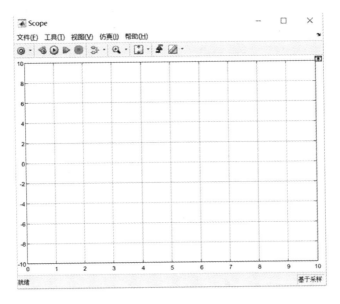

图 10 - 17　示波器窗口界面

单击 ◎ 示波器参数按钮，弹出如图 10 - 18 所示的示波器参数对话框，该对话框中含有 4 个选项卡，分别是【常设】【时间】【画面】【记录】。

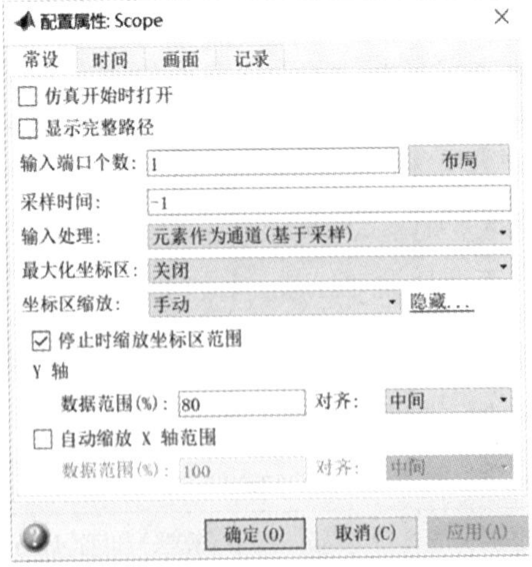

图 10 - 18　示波器参数对话框

1. 常设选项卡(如图 10 - 18 所示)

【输入端口个数】：用于设定示波器的 y 轴数量，即示波器的输入信号端口的个数，默认值为 1，即该示波器用以观察一路信号。若将其设为 2，则可以同时观察两路信号，示波器的图标也自动变为两个输入端口，如图 10 - 19 所示；其示波器窗口内显示的图形也会变成两个，如图 10 - 20 所示。

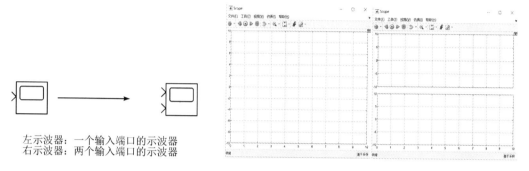

左示波器：一个输入端口的示波器
右示波器：两个输入端口的示波器

图 10 - 19　示波器输入端口个数变化　　　　　　图 10 - 20　示波器窗口内容变化

【采样时间】：用于设定示波器时间轴的采样间隔值。

【输入处理】：选择"元素"或者"列"作为通道进行采样。

图 10 - 21　【记录】选项卡

2. 记录选项卡(如图 10 - 21 所示)

【将数据点限制为最后】：用于数据点数设置。选中后，其右侧的文本框被激活，默认值为 5000，表示示波器显示 5000 个数据，若超过 5000 个数据，也仅显示最后的 5000 个数据。若不选该项，所有数据都显示，但对计算机内存要求较高。

【记录数据到工作区】：数据在显示的同时被保存到 MATLAB 工作空间中。若选中该项，将激活下方的两个参数设置项：

变量名称：用于设置保存数据的名称，以便在 MATLAB 工作空间中识别和调用该数据。

保存格式，用于设置数据的保存格式。数据的保存格式有四种：带时间变量的结构体、结构体、数组、数据集。

3.【样式】选项卡（如图 10－22 所示）

【图框颜色】：选择图形绘制的背景颜色。

【坐标区颜色】：第一个下拉框可以选择坐标轴的颜色，第二个可以选择文字的颜色。

【曲线属性】：分别可以在【Line】线条属性和【Marker】标注属性中选择不同的曲线绘制方法，与第二章中图形绘制所介绍的属性类似。

图 10－22　【样式】选项卡

4. 图形放缩

仿真波形在示波器中显示，有时用户需要对波形显示区域和大小进行适当调整，以达到最佳观察效果。示波器窗口的工具栏提供了两个工具按钮用以图形缩放操作。

（1）⊕ 区域放大按钮：在工具栏中单击该按钮，然后在窗口中需要放大的区域上按住鼠标左键并拖曳一个矩形框框住需要放大的图形区域，松开鼠标左键，该区域即被放大显示。

（2）⊞ 图自动尺寸按钮：能自动调整示波器的横轴和纵轴，既可完全显示用户的仿真时间域以及对应的结果数值域，又能取得合理的显示效果，应用非常方便。

5. 坐标轴范围

示波器的 x 轴和 y 轴的最大取值范围一般是自动设定的，利用图形缩放中的放大镜功能可以在 x 轴和 y 轴的范围内选取其中一部分显示。当需要进一步放大 y 轴的范围或更精确地标定 y 轴的坐标范围时，可以利用轴参数设置页进行设置。

在示波器窗口的图形区域内单击鼠标右键，在弹出的快捷菜单中选择配置属性坐标轴参数选项，出现一个名为配置属性：Scope 的坐标轴属性对话框，如图 10－23 所示。其中的 Y 范围（最小值）与 Y 范围（最大值）用来设置纵轴显示数值范围，标题项用来给显示信号命名。

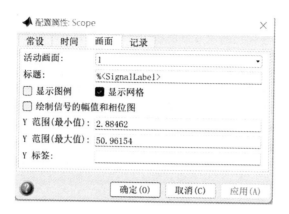

图 10 - 23　示波器【配置属性】对话框

【**例 10 - 2**】　对例 10 - 1 所建立的模型进行仿真，并观察系统特性。

解　（1）打开模型文件"Ex10_1.slx"文件。选择【建模】→【模型设置】或单击工具栏中的 ⚙ 按钮，将仿真时间设置区域内的开始时间设置为 0.0，结束时间设置为 10.0。

（2）模块参数设置。双击 Sine Wave 模块，参数设置如图 10 - 24 所示。

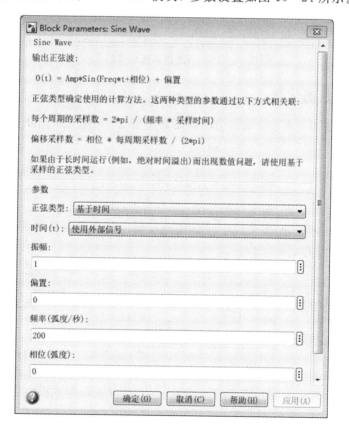

图 10 - 24　SineWave 模块参数设置

双击图 10 - 13(a)中表示质量 $1/m$、阻尼 c 和刚度 k 的 Gain 模块，分别将质量设置为 1，阻尼设置为 3，刚度设置为 1。此外，Scope 模块参数设置保持默认。

（3）运行仿真。选择菜单命令【建模】→【运行】或单击工具栏中的 ⏯ 图标启动仿真。仿真结束后，双击示波器模块，在弹出的示波器面板中可以观察到系统仿真结果，如图 10 - 25 所示。

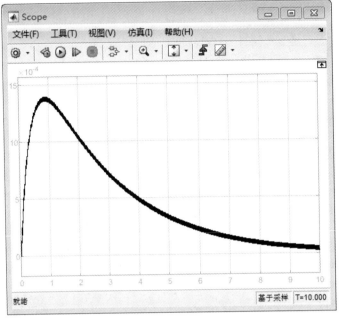

图 10 - 25　示波器系统仿真结果

10.5.4　一般系统的仿真

【例 10 - 3】　已知一个系统的传递函数如下式所示，采用 Simulink 求系统的阶跃响应特性。

$$F = \frac{3s^2 + 2s + 1}{7s^3 + 5s^2 + 3s + 1}$$

解　（1）新建一个 Simulink 模型文件，保存为 Ex10_2. slx。

（2）从 Simulink 模块库浏览器中寻找建模需要的模块并拖曳到仿真平台窗口，如图 10 - 26 所示排列模块并正确连线。

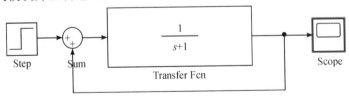

图 10 - 26　系统仿真图

其中，Step 模块来自 Simulink 标准模块库的 Sources 子库，用于模拟阶跃信号；Transfer Fcn 模块来自 Continuous 模块子库，用以实现系统前向通道中包含的传递函数环节；Sum 模块来自 Commonly Used Blocks 模块库，用于实现反馈；Scope 模块来自 Commonly Used Blocks 模块库，用于仿真结果图形化显示。

（3）按图 10 - 27 所示设置 Transfer Fcn 模块参数，按图 10 - 28 所示设置 Sum 模块参数。参数设置完成后的系统仿真模型如图 10 - 29 所示。

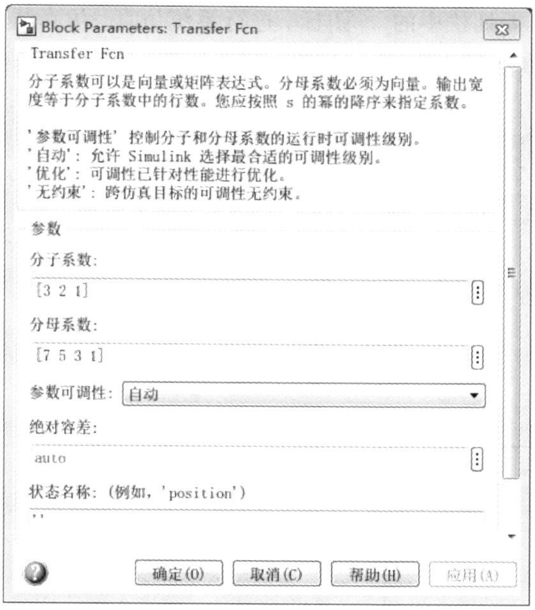

图 10 - 27　设置 Transfer Fcn 参数

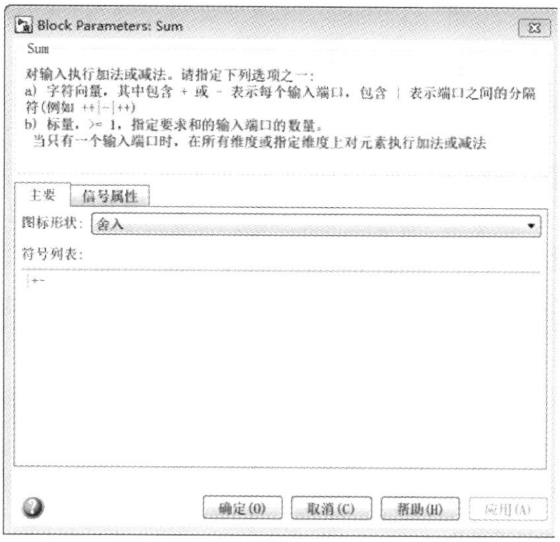

图 10 - 28　设置 Sum 模块参数

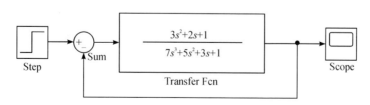

图 10 - 29　模块设置完成后的系统仿真模型

（4）将仿真终止由默认的 10.0 改为 30.0，再选择菜单命令【建模】→【运行】或单击

Simulink 仿真平台窗口工具栏中的 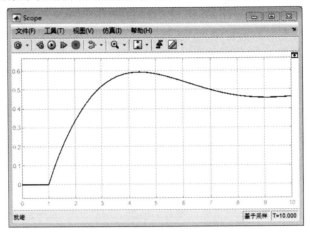 图标，进行系统仿真。仿真结束后，双击 Scope 模块，弹出示波器窗口，观察系统的阶跃响应曲线，如图10-30所示。

图 10-30　系统阶跃响应结果

10.6　思 考 练 习

1. 请使用 Simulink 中的 Integrator Second-Order 模块，替换例 10-1 中的 Integrator One-Order 模块，完成例 10-1 仿真。

2. 请使用 Simulink 中的 Step 模块、Ramp 模块和 Pulse Generator 模块分别替换例 10-1 中的 Sine Wave 模块，完成例 10-1 仿真，观察仿真图形有何不同。

3. 对于例 10-1，试着增加示波器输入端口，同时显示振动位移、速度和加速度波形曲线。

4. 已知仿真模型见图 10-31(a)，示波器的输出结果见图 10-31(b)，则 XY Graph 图形记录仪的输出结果是_____。

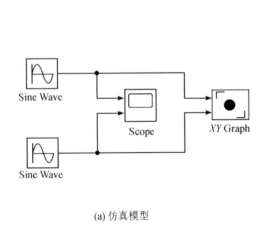

(a) 仿真模型

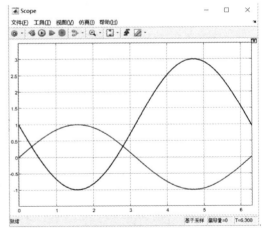

(b) 示波器输出结果

图 10-31　仿真模型及仿真结果

5. 已知 RLC 无源网络(如图 $10-32$ 所示)电容两端电压 $u_o(t)$ 与输入电压 $u_i(t)$,存在如下关系,

$$LC\,\frac{\mathrm{d}^2 u_o(t)}{\mathrm{d}t^2} + RC\,\frac{\mathrm{d}u_o(t)}{\mathrm{d}t} + u_o(t) = u_i(t)$$

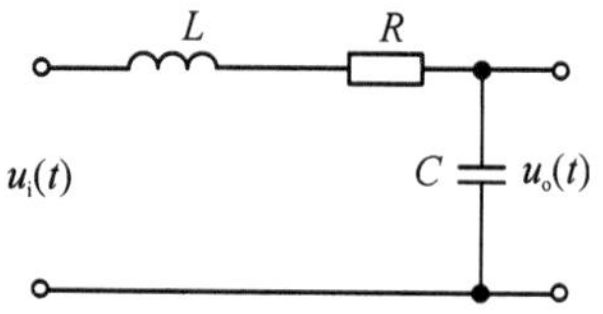

图 $10-32$　RLC 无源网络

令 $L=1$ H,$C=1$ F,$R=1$ Ω,$u_i(t)=1$ V,当电路突然接通时,仿真电容电压 $u_o(t)$ 的变化情况。

6. 采用 Simulink 仿真如下系统阶跃响应:

$$F(s) = \frac{1}{s(s^2 + s + 1)} + \frac{0.1s + 0.2}{s^2 + s + 1}$$

7. 请课外查阅子空间方法,了解子空间方法求解二阶微分方程方法,并试着用 Simulink 中的子空间 State-Space 模块,重新实现例 $10-1$ 仿真。

第11章　信号处理

　　信号是消息的载体，是消息的一种表现形式。信号可以是多种多样的，通常表现为随时间变化的某些物理量。信号按照其取值是否连续可以分为连续时间信号和离散时间信号。MATLAB 有强大的信号处理函数包，为实现信号模拟仿真及分析提供了强有力的工具。本章将介绍与信号处理相关的基本理论知识，并基于 MATLAB 实现信号处理和分析。

11.1　MATLAB 信号处理基础知识

　　现实中信号大部分是连续型的。要将连续型信号用于计算机处理，必须对信号进行离散化。因此，在开始用 MATLAB 对信号进行处理前，首先需要对信号进行离散采样。此外，傅里叶变换在信号分析中扮演着重要角色，是信号分析的基本技术手段，本节将介绍有关傅里叶变换方面的内容，为后续章节相关内容的展开奠定基础。

11.1.1　信号采样

　　信号采样即将连续信号离散化的过程，假设以频率 f_s 对信号进行采样，则其采样间隔 Δt 可表示为

$$\Delta t = \frac{1}{f_s} \tag{11-1}$$

　　所谓采样间隔，是指每两个采样点之间的时间间隔。

　　在工程实际中，模拟信号通过采集系统以一定的采样频率形成离散序列，用于计算机后续信号的分析处理。本节将通过编写计算机程序来模拟现实信号的采集过程。假设对一个连续的正弦信号进行离散采样，令正弦信号表达式为

$$y = \sum_i A_i \sin(2\pi f_i t + \varphi_i) + C_i \tag{11-2}$$

其中，A_i 表示信号幅值，f_i 表示频率，t 表示时间，φ_i 表示相位，C_i 表示常偏量。

　　由于时间 t 是连续的，所以如果不经过离散化，上述信号无法通过计算机进行表示。采用 f_s 对上述信号进行采样，则对应某个时刻 t，有

$$t = n \cdot \Delta t \tag{11-3}$$

　　将式(11-1)和式(11-3)代入式(11-2)，得到离散化后的信号为

$$y(n) = \sum_i A_i \sin\left(\frac{2\pi f_i n}{f_s} + \varphi_i\right) + C_i \tag{11-4}$$

　　【例 11-1】　假设一正弦信号的幅值 A 为 1，频率 f 为 50 Hz，相位 φ 为 20°，常偏量 C 为 0，t 的取值范围为 0～0.1。令采样频率 f_s 为 500 Hz，请对该信号进行离散化，并绘制采样后的离散信号序列。

解 程序代码如下：

```
A＝1；
f＝50；
fs＝500；
detaT＝1/fs；
t1＝0；
t2＝0.1；
t＝t1：detaT：t2；
phi＝20/180 * pi；
%信号采样模拟
y＝A * sin(2 * pi * f * t＋phi)；
%信号采样点显示
figure
plot(t, y, 'k－－o', 'MarkerFaceColor', 'k')；
xlabel('t')；
ylabel('y')；
```

程序运行结果如图 11 - 1 所示，其中实心原点为信号采样点。本章后续涉及的仿真模拟信号均为离散采样后的信号。

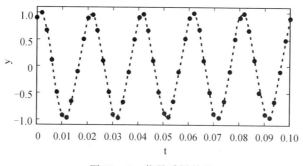

图 11 - 1 信号采样结果

11.1.2 噪声模拟

工程实际中采样获得的信号均会受到不同程度的环境噪声和采集系统噪声的影响。通常将信号外部噪声干扰看作高斯白噪声。MATLAB 函数包 normrnd 可以产生指定均值和标准差的高斯白噪声，其调用格式如下：

$$r＝normrnd(mu, sigma)$$

$$r＝normrnd(mu, sigma, sz_1, \cdots, sz_N)$$

$$r＝normrnd(mu, sigma, sz)$$

其中，mu 表示均值；sigma 表示标准差；$sz_1, \cdots, sz_N$ 表示生成随机数组的各个维度的尺度；sz 表示 r 尺度大小。

【例 11 - 2】 令例 11 - 1 中的采样频率 f_s 为 1500 Hz，其余数据不变，在采集过程中，考虑环境和采集系统噪声的影响，假设噪声符合均值为 0、标准差为 0.5 的高斯白噪声分布，请仿真模拟受噪声干扰的采样信号。

解　程序如下：

```
A＝1；
f＝50；
fs＝1500；
detaT＝1/fs；
t1＝0；
t2＝0.1；
t＝t1：detaT：t2；
phi＝20/180 * pi；
%信号采样模拟
y＝A * sin(2 * pi * f * t＋phi)；
%噪声模拟
noise＝normrnd(0，0.2，size(y))；
%噪声干扰后的信号
yNoise＝y＋noise；
%信号采样点显示
figure
plot(t，yNoise，'r—'，'MarkerFaceColor'，'k')；
holdon
plot(t，y，'k --')
xlabel('t')；
ylabel('y')；
legend('yNosie'，'y')
```

程序运行结果如图 11-2 所示。其中，yNoise 表示添加噪声干扰后的信号，y 表示无噪声干扰的真实信号。由仿真结果可知，受噪声影响，其采样值会在真实信号值上下波动。

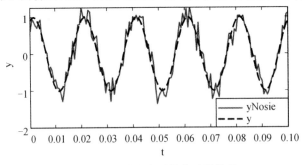

图 11-2　受噪声干扰的采样信号

11.1.3　频谱分析

信号频谱分析是进行信号处理的常规手段，通过傅里叶变换，将时域信号转变为频域信号，从频谱分布的角度对信号进行分析，有利于获得信号隐藏的更为丰富的信息，并进一步用于指导工程实践。

假设一个离散信号序列为 $x_i(i＝0，1，2，\cdots，N-1)$ 对 x_i 进行傅里叶变换为

$$X_k = \frac{1}{N} \sum_{i=0}^{N-1} x_i \cdot \exp\left(\frac{-\mathrm{j}2\pi ki}{N}\right) \tag{11-5}$$

其中，$\exp(\cdot)$ 表示以 e 为底的指数运算，k 表示数值频率，N 表示离散数据点数，X_k 表示对应数值 k 的傅里叶变换结果。

傅里叶逆变换为

$$x_i = \sum_{k=0}^{N-1} X_k \cdot \exp\left(\frac{\mathrm{j}2\pi ki}{N}\right) \tag{11-6}$$

通过傅里叶逆变换可将频域信号再次转换为时域信号。上述傅里叶变换(式(11-5))和逆变换(式(11-6))是数学上的定义。在工程实际中，为了赋予数值频率 k 以物理意义，通常将数值频率 k 转换为物理频率 f(单位为 Hz)，转换过程为

$$f = \frac{k}{2N} f_s \tag{11-7}$$

上述为离散傅里叶变换的基本理论方法。在 MATLAB 中，通常采用快速傅里叶算法来实现信号时域和频域之间的转换，对应的函数包为 fft，其具体调用格式如下：

$$Y = \mathrm{fft}(x)$$
$$Y = \mathrm{fft}(x, n)$$
$$Y = \mathrm{fft}(x, n, \dim)$$

其中，x 表示离散信号序列；n 表示用于傅里叶变换的数据点数。当输入的离散信号序列为一个矩阵时，$\dim = 2$ 表示沿着 x 的行进行傅里叶变换，$\dim = 1$ 则表示沿着 x 的列进行傅里叶变换。

【例 11-3】　假设信号符合下式：

$$x = A_1 \sin(2\pi f_1 t) + A_2 \sin(2\pi f_2 t) + \text{noise}$$

其中，A_1 为 0.7，A_2 为 1，f_1 和 f_2 分别为 50 Hz 和 120 Hz，noise 符合均值为 0、标准差为 2 的高斯白噪声随机分布。采用 1 kHz 采样频率对上述信号进行采样，采样时长为 1.5 s。使用傅里叶变换求噪声中隐藏的信号频率分量。

解　程序代码如下：

```
fs=1e3;
detaT=1/fs;
t1=0;
t2=1.5;
t=t1: detaT: t2;
A1=0.7;
A2=1;
f1=50;
f2=120;
x=A1 * sin(2 * pi * f1 * t)+A2 * sin(2 * pi * f2 * t)+normrnd(0, 2, size(t));
%信号显示
figure
plot(t, x);
xlabel('t');
ylabel('y');
```

```
%傅里叶变换
L＝length(x)；
Xk＝fft(x)；
P2＝abs(Xk/L)；
P1＝P2(1：L/2+1)；
P1(2：end-1)＝2 * P1(2：end-1)；
f＝fs * (0：(L/2))/L；
%频谱显示
figure
plot(f，P1)；
xlabel('f(Hz)')
ylabel('|Xk|')
```

程序运行结果如图 11-3 所示，其中图(a)为信号波形，图(b)为频谱分析结果。由频谱分析结果可知，信号在 50 Hz 和 120 Hz 处有两个较为明显的幅值，这与信号模拟仿真时的参数设置保持一致，说明本次频谱分析结果是正确的。

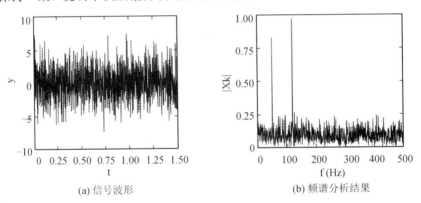

(a) 信号波形   (b) 频谱分析结果

图 11-3   信号波形及频谱分析

11.2   统计信号处理

随机信号处理过程简称为统计信号处理，随机信号在任何时间的取值都是不能先验确定的。虽然其取值不能先验确定，但这些取值服从一定统计规律，这也是将随机信号处理过程称为统计信号处理的主要原因。自相关、互相关与功率谱密度是描述平稳随机信号统计特性最常用的二阶统计量，本节将重点介绍信号二阶统计量的 MATLAB 实现方法。

11.2.1   自相关计算

离散序列自相关的定义如下：

$$r(m) = \sum_{n=-\infty}^{n=+\infty} x(n)x(n-m) \tag{11-8}$$

其中，m 表示序列平移量，n 表示数据序列号，r 表示相关性。式(11-8)描述了序列 $x(n)$

与平移 m 后的 $x(n-m)$ 之间的相似性。

通常情况下会将相关量 r 进行归一化，其表达式为

$$\rho(m)=\frac{r(m)}{\displaystyle\sum_{n=-\infty}^{n=+\infty}x^2(n)} \tag{11-9}$$

其中，ρ 称为相关系数。

MATLAB 中的 xcorr() 函数可实现离散序列自相关计算。xcorr() 函数的调用格式如下：

$r = \text{xcorr}(x, y)$

$r = \text{xcorr}(x)$

$r = \text{xcorr}(\_, \text{maxlag})$

$r = \text{xcorr}(\_, \text{scaleopt})$

$[r, \text{lags}] = \text{xcorr}(\_)$

其中，x 和 y 分别表述输入的离散序列，当仅输入 x 离散序列时，该函数返回自相关量，当输入 x 和 y 离散序列时，该函数返回互相关量；maxlag 控制序列平移量的取值范围为 $-$maxlag$\sim$maxlag；scaleopt 为相关量计算设置了归一化选项，可取值有 biased(互相关有偏估计)、unbiased(互相关无偏估计)、normalized(序列归一化，在平移量为 0 时，相关值取值为 1)；lags 表示平移量。

【**例 11 - 4**】　假设离散序列取值表达式为 $x=0.84^n$，n 取值分别为 $0, 1, 2, \cdots, 15$，计算 x 离散序列自相关系数，并绘制自相关系数 ρ 与平移量 m 之间的关系图。

解　程序代码如下：

```
n=0:15;
x=0.84.^n;
[r, m]=xcorr(x, "normalized");
figure
stem(m, r, 'k');
xlabel('m')
ylabel('r')
```

程序运行结果如图 11 - 4 所示。由运行结果可知，x 自相关在零偏移量处取得最大值，即离散序列不偏移时其相关程度最大。

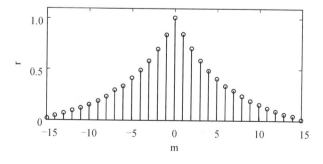

图 11 - 4　自相关函数的计算结果

11.2.2　互相关计算

离散序列互相关的定义如下：

$$r(m) = \sum_{n=-\infty}^{n=+\infty} x(n)y(n-m) \qquad (11-10)$$

此时 r 描述了序列 $x(n)$ 与序列 $y(n)$ 平移 m 后的相似性。

互相关量 r 进行归一化，其表达式为

$$\rho(m) = \frac{r(m)}{\sqrt{\sum_{n=-\infty}^{n=+\infty} x^2(n)} \sqrt{\sum_{n=-\infty}^{n=+\infty} y^2(n)}} \qquad (11-11)$$

其中，ρ 称为互相关系数。

采用 MATLAB 中的 xcorr() 函数可实现两列数据的互相关计算。

【例 11-5】　假设 x 和 y 序列取值满足：

$$\begin{cases} x = A\sin(2\pi f_x t) \\ y = A\cos(2\pi f_y t) \end{cases}$$

其中，A 取值为 1；f_x 和 f_y 分别取值为 50 和 100；t 的取值范围为 0～0.02，取值间隔为 0.001。试计算 x 与 y 之间的互相关系数 ρ，并绘制 ρ 与偏移量 m 之间的关系图。

解　程序代码如下：

```
detaT=0.001;
t0=0;
t1=0.02;
t=t0:detaT:t1;
A=1;
fx=50;
fy=100;
x=A * sin(2 * pi * fx * t);
y=A * cos(2 * pi * fy * t);
%互相关计算
[r, m]=xcorr(x, y, "normalized");
%结果显示
figure
stem(m, r, 'k');
xlabel('m')
ylabel('r')
```

程序运行结果如图 11-5 所示。由于 x 与 y 序列为正弦函数，且两者频率成整数倍，因此，两者的互相关系数也呈现周期性。

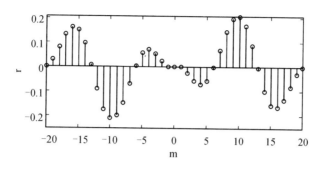

图 11-5　互相关系数的计算结果

11.2.3　功率谱估计

功率谱估计被广泛应用于分析平稳各态遍历随机信号的频率成分，并且已被成功应用到雷达信号处理、机械故障诊断等工程实际中。给定一个标准的正弦信号，可以通过傅里叶变换来分析它的频率成分。然而，在实际工程应用中，由于存在各种噪声干扰，我们得到的信号往往不是理想的。对于这种存在噪声干扰的信号，可以通过功率谱对信号的频率成分进行分析，得到一个"非精确"的功率谱来对真实随机信号的功率谱进行估计。

本节主要介绍采用周期图法对随机信号进行功率谱估计。周期图法是将随机信号 $x[n]$ 的 N 个观测点数据视为能量有限序列，直接计算 $x[n]$ 序列的傅里叶变换，得到傅里叶变换结果 $X(k)$，然后取其幅值的平方，得到能量，最后除以数据点数 N，得到功率。MATLAB 中的 periodogram 函数包可基于周期图法实现信号功率谱估计，其调用格式如下：

$\qquad$ Pxx＝periodogram(x)

$\qquad$ Pxx＝periodogram(x，window)

$\qquad$ Pxx＝periodogram(x，window，nfft)

$\qquad$ Pxx＝periodogram(_，f_s)

其中，x 表示分析的随机序列；window 表示选取的窗函数，当 window 为空时，函数默认选择矩形窗；nfft 表示选取的傅里叶变换点数，默认值为 x 序列的长度；f_s 为采样频率。

【例 11-6】　假设随机信号满足：

$$y = A_1 \sin(2\pi f_1 t + \varphi_1) + A_2 \sin(2\pi f_2 t + \varphi_2) + \text{noise}$$

令 A_1 和 A_2 均为 1，f_1 为 50 Hz，f_2 为 135 Hz，φ_1 和 φ_2 分别为 $0°$ 和 $45°$，*noise* 符合均值为 0、标准差为 0.2 的高斯白噪声分布。假设采样频率 f_s 为 500 Hz，请采用周期图法对该随机信号进行功率谱分析。

解　程序代码如下：

```
A1＝10;
A2＝10;
f1＝50;
f2＝135;
fs＝500;
T＝1/fs;
```

```
t1＝0；
t2＝1；
t＝t1：T：t2；
phi1＝0；
phi2＝45/180 * pi；
y＝A1 * sin(2 * pi * f1 * t＋phi1)＋A2 * sin(2 * pi * f2 * t＋phi2)＋normrnd(0，0.2，1，length(t))；
%信号波形显示
figure
plot(t，y)；
xlim([0，0.2])；%显示一部分波形
xlabel('t')；
ylabel('y')；
%功率谱分析
figure
periodogram(y，[]，length(y)，fs)；
```

程序运行结果如图 11－6 所示。

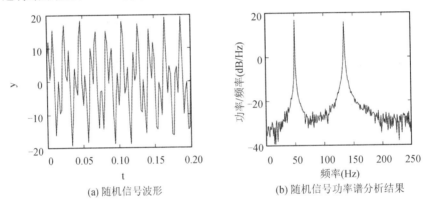

(a) 随机信号波形   (b) 随机信号功率谱分析结果

图 11－6　随机信号功率谱分析

11.3　IIR 滤波器

信号噪声需通过单独设计滤波器进行滤除。本节将重点介绍 IIR 滤波器设计方法及 MATLAB 的实现方法。MATLAB 信号处理工具箱提供了 IIR 滤波器经典设计方法，该方法是基于经典低通模拟滤波器到具有相同性能指标数字滤波器的变换。基本原理为先根据滤波器技术指标设计出相应的模拟滤波器，再将设计好的模拟滤波器变换为满足技术指标要求的数字滤波器。

11.3.1　IIR 滤波器的基本原理

IIR 滤波器是一种数字滤波器，其系统函数为

$$H(z) = \frac{Y(z)}{X(z)} = \frac{\sum\limits_{k=0}^{M} \mathrm{b}_k z^{-k}}{1 - \sum\limits_{k=1}^{N} \mathrm{a}_k z^{-k}} \qquad (11-12)$$

其中，$H(z)$ 表示系统函数，$X(z)$ 表示系统输入函数，$Y(z)$ 表示系统输出函数，z 为时延符号，a_k 和 b_k 表示滤波系数。

IIR 滤波器设计根据性能指标要求，确定滤波器滤波系数。设计方法通常有经典设计法（模拟变换法）和满足特殊性能的直接设计法。

11.3.2　巴特沃斯滤波器

butter 函数用于设计 butterworth 数字滤波器，其调用格式如下：

$[b, a] = \text{butter}(n, \omega_\mathrm{n})$

$[b, a] = \text{butter}(n, \omega_\mathrm{n}, \text{ftype})$

$[z, p, k] = \text{butter}(\underline{\hspace{2cm}})$

$[A, B, C, D] = \text{butter}(\underline{\hspace{2cm}})$

$[\underline{\hspace{2cm}}] = \text{butter}(\underline{\hspace{2cm}}, 's')$

其中，n 为滤波器阶数；ω_n 为滤波器截止频率，取值为 $0\sim1$；ftype 为滤波器类型参数，当 ftype 为"high"时表示高通滤波器，截止频率为 ω_n，当 ftype 为"stop"时表示带阻滤波器，截止频率 $\omega_\mathrm{n} = [\omega_1, \omega_2]$；$a$ 和 b 分别为滤波器系数；z、p、k 分别为滤波器的零点、极点和增益。

函数 butter 用于设计数字滤波器时，采用双线性变换法和频率的预畸变处理。将模拟滤波器离散化为数字滤波器，同时保证模拟滤波器和数字滤波器在 ω_n 或 ω_1、ω_2 处有相同的幅频响应。

【例 11-7】　假设采样频率为 2000 Hz，设计一个 8 阶高通 Butterworth 滤波器，其中截止频率为 300Hz。

解　程序如下：

```
fs=2000;
n=8;
Wn1=300;
Wn=Wn1/(fs/2);
[b, a]=butter(n, Wn, 'high');
%频率响应
sampleN=128;
freqz(b, a, sampleN, fs);
axis([0 500 −400 100]);
```

程序运行结果如图 11-7 所示。

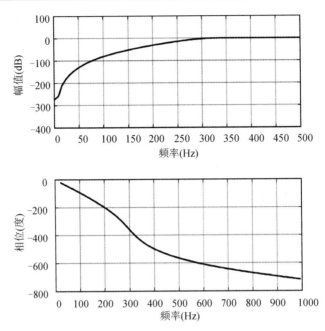

图 11-7　butterworth 高通滤波器幅频和相频特性曲线

【例 11-8】　假设处理的数字信号采样频率为 2000 Hz，设计一个 10 阶带通 Butterworth 数字滤波器，通带为 150～300 Hz，并绘制其脉冲响应曲线。

　　解　程序如下：

```
fs=2000;
n=10;
W1=150;
W2=300;
sampleN=101;
Wn=[W1, W2]/(fs/2);
[b, a]=butter(n, Wn);
[y, t]=impz(b, a, sampleN);
stem(t, y, 'k');
xlabel('t');
ylabel('y');
```

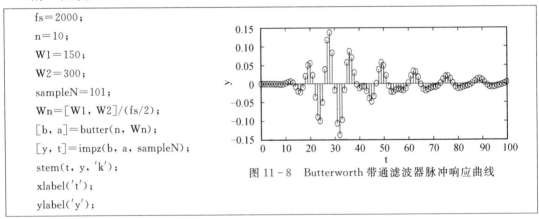

图 11-8　Butterworth 带通滤波器脉冲响应曲线

程序运行结果如图 11-8 所示。

11.3.3　切比雪夫滤波器

本节将重点介绍使用 cheby1 和 cheby2 设计切比雪夫滤波器的方法。

1. cheby1 函数

cheby1 函数用于设计切比雪夫数字滤波器中的 Chebyshev Ⅰ 型。其调用格式为

$$[b, a]=\text{cheby1}(n, R_p, \omega_n)$$

$$[b, a]=\text{cheby1}(n, R_p, \omega_n, \text{ftype})$$

$[z，p，k]＝\text{cheby1}(\underline{\quad\quad})$

$[A，B，C，D]＝\text{cheby1}(\underline{\quad\quad})$

$[\underline{\quad\quad}]＝\text{cheby1}(\underline{\quad\quad}，'s')$

其中，R_p 为通带波纹(dB)；ω_n 为截止频率，取值为 0～1，在该频率处滤波器的幅值响应为 $-R_p$；其余参数同 butter。

【例 11-9】　假设一信号采样频率为 2000 Hz，设计一个 10 阶低通 Chebyshev I 型数字滤波器，通带波纹为 0.5 dB，截止频率为 300 Hz。

解　程序如下：

```
fs＝2000;
n＝10;
Rp＝0.5;
W1＝300;
Wn＝W1/(fs/2);
[b, a]＝cheby1(n, Rp, Wn);
%频率响应
sampleN＝512;
freqz(b, a, sampleN, fs);
axis([0 500 －300 100]);
```

程序运行结果如图 11-9 所示。

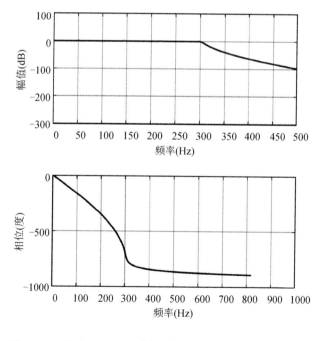

图 11-9　Chebyshev I 型低通数字滤波器的幅频和相频特性

2. cheby2 函数

cheby2 函数用于设计切比雪夫数字滤波器中 Chebyshev II 型。其调用格式为

$$[b，a] = \text{cheby2}(n，R_s，\omega_n)$$

$$[b，a] = \text{cheby2}(n，R_s，\omega_n，\text{ftype})$$

$$[z，p，k] = \text{cheby2}(\underline{\quad\quad})$$

$$[A，B，C，D] = \text{cheby2}(\underline{\quad\quad})$$

$$[\underline{\quad\quad}] = \text{cheby2}(\underline{\quad\quad}，'s')$$

其中，R_s 为阻带衰减(dB)，ω_n 为截止频率。在该频率处滤波器的幅值响应为 $-R_p$，其余参数同函数 butter。

【例 11 - 10】 假设一信号采样频率为 2000 Hz，设计一个 10 阶低通 Chebyshev II 型数字滤波器，阻带衰减为 20 dB，通带波纹为 0.5 dB，截止频率为 300 Hz。

解 程序如下：

```
fs=2000；n=10；
Rs=20；
W1=300；Wn=W1/(fs/2)；
[b，a]=cheby2(n，Rs，Wn)；
%频率响应
sampleN=512；
freqz(b，a，sampleN，fs)；
axis([0 500 −80 20])；
```

程序运行结果如图 11 - 10 所示。

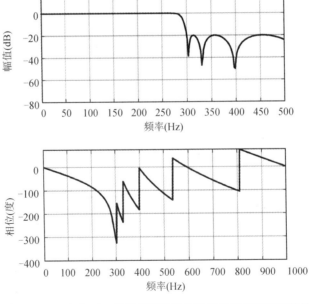

图 11 - 10　Chebyshev II 型低通数字滤波器的幅频和相频特性

11.3.4　椭圆滤波器

ellip 函数用于设计椭圆数字滤波器。其调用格式为

$$[b, a] = \text{ellip}(n, R_p, R_s, \omega_n)$$
$$[b, a] = \text{ellip}(n, R_p, R_s, \omega_n, \text{ftype})$$
$$[z, p, k] = \text{ellip}(\underline{\quad\quad})$$
$$[A, B, C, D] = \text{ellip}(\underline{\quad\quad})$$
$$[\underline{\quad\quad}] = \text{ellip}(\underline{\quad\quad}, 's')$$

其中，R_p 为通带波纹(dB)，R_s 为阻带衰减(dB)，ω_n 为截止频率，其余参数同函数 butter。

【例 11 - 11】　假设一信号采样频率为 2 kHz，设计一个 8 阶低通椭圆数字滤波器，阻带衰减为 50 dB，通带波纹为 3 dB，截止频率为 300 Hz。

解　程序如下：

```
fs=2000；
n=8；
Rp=3；
Rs=50；
W1=300；
Wn=W1/(fs/2)；
[b, a]=ellip(n, Rp, Rs, Wn)；
%频率响应
sampleN=512；
freqz(b, a, sampleN, fs)；
axis([0 500 -80 20])；
```

程序运行结果如图 11 - 11 所示。

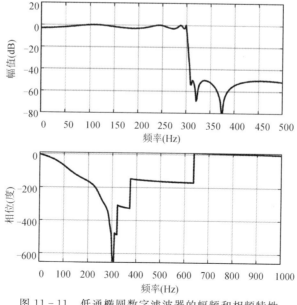

图 11 - 11　低通椭圆数字滤波器的幅频和相频特性

11.3.5　信号分析实例

【例 11 - 12】　假设一个正弦信号包含 50 Hz 和 150 Hz 两个振动频率成分，采用 IIR 滤波器对该正弦信号进行处理，设计高通和低通滤波器，分别提取低于 100 Hz 和高于 100 Hz 的信号成分。

解　程序代码如下：

```
fs＝1e3；
T＝1/fs；
t1＝0；
t2＝0.1；
t＝t1：T：t2；
A1＝1；
A2＝3；
f1＝50；
f2＝150；
y＝A1 * sin(2 * pi * f1 * t)＋A2 * sin(2 * pi * f2 * t)；
%滤波器设计
n＝32；
W1＝100；
Wn＝W1/(fs/2)；
[bhi, ahi]＝butter(n, Wn, 'high')；
[blow, alow]＝butter(n, Wn, 'low')；
outhi＝filter(bhi, ahi, y)；
outlow＝filter(blow, alow, y)；
%原始数据显示
figure
plot(t, y)；
%xlim([xmin, xmax])；
%ylim([ymin, ymax])；
xlabel('t')；ylabel('y')；
%高通滤波后结果显示
figure
plot(t, outhi)；
%xlim([xmin, xmax])；
%ylim([ymin, ymax])；
xlabel('t')；ylabel('y')；
%低通滤波后结果显示
figure
plot(t, outlow)；
```

```
%xlim([xmin，xmax]);
%ylim([ymin，ymax]);
xlabel('t'); ylabel('y');
```

由仿真程序可知，原始信号波形由频率成分分别为 50 Hz 和 150 Hz 的正弦信号叠加而成。其原始信号波形如图 11 - 12 所示。

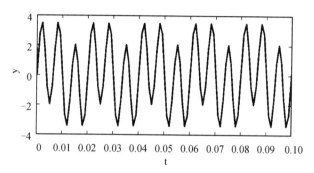

图 11 - 12　原始信号波形

通过高通滤波后，将 50 Hz 成分的信号滤除，保留了 150 Hz 的信号成分，其高通滤波后的信号波形如图 11 - 13 所示。

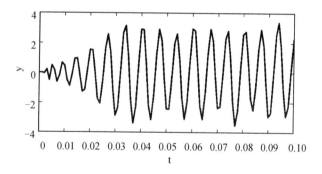

图 11 - 13　高通滤波后的信号波形

同理，采用低通滤波后，将 150 Hz 的高频信号成分滤除，保留了 50 Hz 的信号成分，其低通滤波后的信号波形如图 11 - 14 所示。

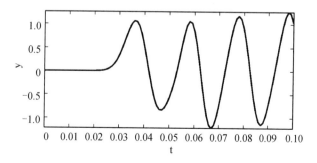

图 11 - 14　低通滤波后的信号波形

11.4　FIR 滤波器

由于 IIR 滤波器设计只能保证其在幅频响应上满足性能指标，而相位特性无法满足，且往往呈现非线性。而 FIR 滤波器不仅能够满足滤波器设计过程中的幅频响应要求，而且能够得到线性相位特性，从而保证信号处理过程中不出现失真现象。MATLAB 信号处理工具箱提供的 FIR 数字滤波器设计函数用于设计四类具有线性相位的滤波器。本节将重点介绍 FIR 滤波器设计方法。

11.4.1　FIR 滤波器的基本原理

FIR 滤波器的系统函数为

$$H(z) = \frac{Y(z)}{X(z)} = \sum_{n=0}^{N-1} h(n) z^{-n} \tag{11-13}$$

其中，$h(n)$ 表示系统脉冲响应函数。

11.4.2　基于窗函数设计 FIR 滤波器

基于窗函数的 FIR 数字滤波器设计方法较为简单，其主要步骤如下：

（1）由数字滤波器理想特性 $H_d(e^{j\omega})$ 进行傅里叶逆变换，获得理想滤波器单位脉冲响应 $h_d(n)$。一般假设理想低通滤波器的截止频率为 ω_c，其幅频特性为

$$H_d(e^{j\omega}) = \begin{cases} 1 & (0 \leqslant \omega \leqslant \omega_c) \\ 0 & (\omega_c < \omega < \pi) \end{cases} \tag{11-14}$$

或者

$$h_d(n) = \frac{1}{2\pi} \int_{-\omega_c}^{\omega_c} e^{j\omega n} d\omega = \frac{\sin[\omega_c(n-\alpha)]}{\pi(n-\alpha)} \tag{11-15}$$

其中，ω_c 为中心频率，n 为数据点序号，α 为相位。

（2）由性能指标确定窗函数 $W(n)$ 和窗口长度 N。

（3）求滤波器的单位脉冲响应 $h(n)$：

$$h(n) = h_d(n) W(n) \tag{11-16}$$

式中，$h(n)$ 为所涉及的 FIR 滤波器系数向量。

（4）检验滤波器性能指标。

【例 11-13】　用窗函数设计一个线性相位 FIR 低通滤波器，满足性能指标为：通带边界频率 $\omega_p = 0.5\pi$，阻带频率 $\omega_s = 0.76\pi$。

解　程序代码如下：

```
wp = 0.5 * pi;
ws = 0.76 * pi;
```

```
width＝ws－wp；
N＝ceil(8 * pi/width)；
if(rem(N，2))＝＝0
    N＝N+1；
end
Nw＝N；
wc＝(wp+ws)/2；
n＝0：N－1；
alpha＝(N－1)/2；
m＝n－alpha + 0.00001；
hd＝sin(wc * m)./(pi * m)；
win＝hanning(Nw)；
h＝hd. * win′；
b＝h；
freqz(b，1，512)
```

程序运行结果如图 11 - 15 所示。

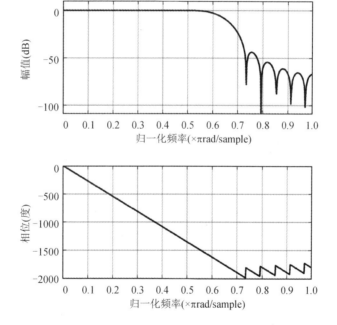

图 11 - 15　线性相位 FIR 低通滤波器幅频和相频特性

MATLAB 信号处理工具箱提供了基于窗函数设计 FIR 滤波器函数 fir1 和 fir2。

(1) fir1 函数，其调用格式为

$b＝\mathrm{fir1}(n，\omega_n)$

$b＝\mathrm{fir1}(n，\omega_n，\mathrm{ftype})$

$b＝\mathrm{fir1}(\underline{\hspace{1cm}}，\mathrm{window})$

$b＝\mathrm{fir1}(\underline{\hspace{1cm}}，\mathrm{scaleopt})$

其中，n 为 FIR 滤波器阶数，对于高通、带阻滤波器，n 取偶数；ω_n 为滤波器的截止频率，取值范围为 $0\sim1$，对于带通、带阻滤波器，$\omega_n=[\omega_1, \omega_2]$，且 $\omega_1<\omega_2$，对于多带滤波器 $\omega_n=[\omega_1, \omega_2, \omega_3, \omega_4]$，频率分段为 $0<\omega<\omega_1$，$\omega_1<\omega<\omega_2$，$\omega_2<\omega<\omega_3$，$\cdots$；ftype 为滤波器类型，默认为低通滤波器或带通滤波器，当设置为"high"时，为高通滤波器，当设置为"stop"时，为带阻滤波器，当设置为"DC-1"时，表示多带的第一频带为通带，当设置为"DC-0"时，表示多带的第一频带为阻带；window 表示窗函数。

【例 11 - 14】 用 fir1 设计一个 32 阶的 FIR 带通滤波器，通带为 $0.35\leqslant\omega\leqslant0.65$。

解　程序代码如下：

```
n=32；
W1=0.35；
W2=0.65；
Wn=[W1, W2]；
b=fir1(n, Wn)；
%频率响应
sampleN=512；
freqz(b, 1, sampleN)；
axis([0 1 -100 50])
```

程序运行结果如图 11 - 16 所示。

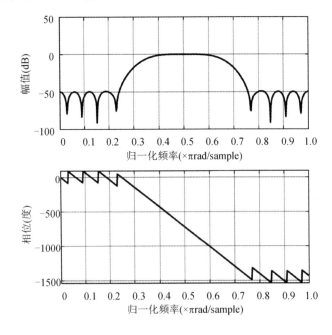

图 11 - 16　FIR 带通滤波器幅频和频率响应

【例 11 - 15】 设计一个 32 阶的高通滤波器，截止频率为 0.48，窗函数选用 30 dB 波纹的 chebwin 窗函数。

解　程序代码如下：

```
n=32;
W1=0.48;
nw=n+1;
Rs=30;
b=fir1(n, W1, 'high', chebwin(nw, Rs));
%频率响应
sampleN=512;
freqz(b, 1, sampleN);
```

程序运行结果如图 11-17 所示。

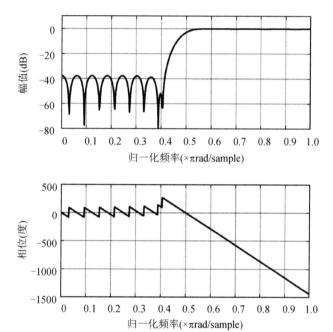

图 11-17　FIR 高通滤波器幅频和频率响应

（2）fir2 函数。其调用格式为

$$b=\mathrm{fir2}(n, \boldsymbol{f}, \boldsymbol{m})$$

$$b=\mathrm{fir2}(n, \boldsymbol{f}, \boldsymbol{m}, \mathrm{npt}, \mathrm{lap})$$

$$b=\mathrm{fir2}(\underline{\qquad}, \mathrm{window})$$

其中，n 表示滤波器阶数；$\boldsymbol{f}$ 和 $\boldsymbol{m}$ 分别表示滤波器频率向量和幅值向量，其取值范围为 0～1，并且要求 $\boldsymbol{f}$ 与 $\boldsymbol{m}$ 的长度相同；window 表示窗函数，长度为 $n+1$，程序默认窗函数为 hamming；npt 表示频率响应内插点数，默认为 512；lap 定义区域尺寸，默认值为 25。

【例 11-16】　设计一个 32 阶低通滤波器并绘制其期望频率响应与实际频率响应曲线。

解　程序代码如下：

```
n＝32；
f＝[00.60.61]；
m＝[1100]；
b＝fir2(n, f, m)；
%频率响应
sampleN＝512；
[h, w]＝freqz(b, 1, sampleN)；
plot(f, m, ′－′)；
holdon
plot(w/pi, abs(h), ′－.′)
xlabel(′归一化频率′)；
ylabel(′幅值′)
ylim([－0.1, 1.2])
legend(′期望频率响应′, ′实际频率响应′)
```

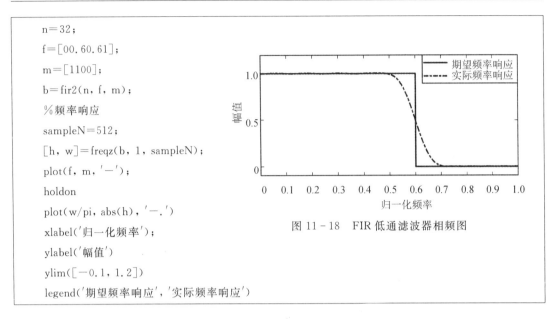

图 11 - 18   FIR 低通滤波器相频图

程序运行结果如图 11 - 18 所示。

11.4.3   FIR 滤波器的优化设计

MATLAB 信号处理工具箱提供了比窗函数法——FIR 滤波器设计函数 fir1、fir2 更为通用的函数包 firls 和 remez。这两个函数包采用不同的优化方法进行 FIR 滤波器优化设计。firls 是 fir1 和 fir2 的扩展，基本原则是利用最小二乘法使期望频率响应和实际频率响应间的误差最小。函数 remez 通过采用 Parks-McCellan 交换算法和 Chebyshev 近似理论来设计 FIR 滤波器，使实际频率响应达到最优拟合期望频率响应的目的。这两个函数调用格式如下：

$$b＝firls(n, f, a)$$
$$b＝remez(n, f, a)$$

其中，n 为滤波器阶数；f 为滤波器期望归一化频率向量，取值范围 0～1，f 内元素必须呈递增排列，可以允许定义重复频点；a 为对应滤波器期望频率的幅值响应向量，其长度必须与 f 保持一致，且为偶数个元素。

【例 11 - 17】   分别用 firls 和 remez 函数包设计一个 32 阶的线性带通滤波器，其理想幅频响应 $f＝[0, 0.3, 0.4, 0.6, 0.7, 0.9]$，$a＝[0, 1, 0, 0, 0.5, 0.5]$，要求完成滤波器设计并绘制期望的实际频率响应。

解   程序代码如下：

```
f＝[00.30.40.60.70.9]；
a＝[01000.50.5]；
n＝32；
%采用 firls 函数包进行设计
b＝firls(n, f, a)；
sampleN＝512；
[h, w]＝freqz(b, 1, sampleN)；
figure
```

```
plot(f, a, '—');
holdon
plot(w/pi, abs(h), '—.');
xlabel('归一化频率');
ylabel('幅值')
legend('期望频率响应', '实际频率响应')
%采用 remez 函数包进行设计
b2＝remez(n, f, a);
[h2，w2]＝freqz(b, 1, sampleN);
figure
plot(f, a, '—');
holdon
plot(w2/pi, abs(h2), '—.');
xlabel('归一化频率');
ylabel('幅值')
legend('期望频率响应', '实际频率响应')
```

运行结果如图 11－19 所示。

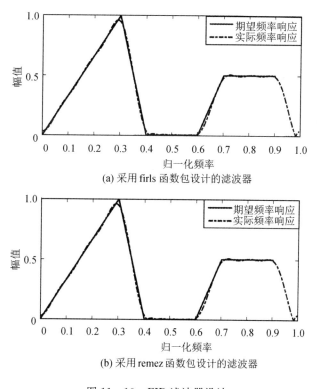

(a) 采用 firls 函数包设计的滤波器

(b) 采用 remez 函数包设计的滤波器

图 11－19　FIR 滤波器设计

11.4.4　信号分析实例

本节将以 MATLAB 自带的 chirp 信号分析为例，分别设计 FIR 低通、高通滤波器，完成 chirp 中高频和低频成分提取。

【例 11-18】 已知 chirp 信号采样频率 f_s 为 8192 Hz，其主要频率成分集中在 $f_s/4$ 频率以上。分别设计一个阶数为 34 的低通和高通滤波器，以 $f_s/4$ 为频率界限，分别实现 chirp 低于 $f_s/4$ 和高于 $f_s/4$ 频率处成分提取。

解 程序代码如下：

```
%加载数据
Load chirp
%参数设置
fs=8192;
n=34;
W1=fs/4;
Wn=W1/(fs/2);
nx=n+1;
Rs=30;
%滤波
bhi=fir1(n, Wn, 'high', chebwin(nx, Rs));
blow=fir1(n, Wn, 'low', chebwin(nx, Rs));
outhi=filter(bhi, 1, y);
outlow=filter(blow, 1, y);
%结果显示
ymax=1;
ymin=-1;
xmin=1;
xmax=length(y);
%原始数据显示
figure
plot(y);
xlim([xmin, xmax]);
ylim([ymin, ymax]);
xlabel('数据点');
ylabel('幅值')
%高通滤波后结果显示
figure
plot(outhi);
xlim([xmin, xmax]); ylim([ymin, ymax]);
xlabel('数据点'); ylabel('幅值');
%低通滤波后结果显示
figure
plot(outlow); xlim([xmin, xmax]);
ylim([ymin, ymax]);
xlabel('数据点');
ylabel('幅值');
```

程序运行结果如图 11 - 20 所示。

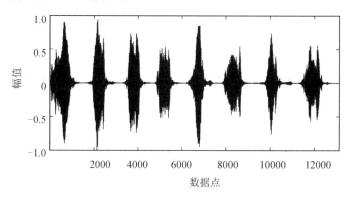

图 11 - 20　原始数据的信号波形

由图 11 - 20 可知，chirp 信号波形为脉冲型波形。

对原始的 chirp 信号进行高通滤波后，如图 11 - 21 所示，其结果与原始数据的信号波形相差并不明显，说明 chirp 原始信号频率成分集中在了 $f_s/4$ 以上部分。

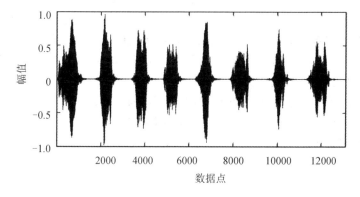

图 11 - 21　高通滤波后的信号波形

对原始的 chirp 信号进行低通滤波后，如图 11 - 22 所示，其结果与原始数据的信号波形差别非常明显，这从另一方面说明 chirp 原始信号频率成分主要集中在 $f_s/4$ 以上部分，而在低于 $f_s/4$ 部分，其基本为噪声信号。

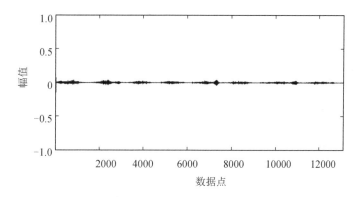

图 11 - 22　低通滤波后的信号波形

11.5　特殊波形发生函数

在 MATLAB 的数字信号处理工具箱中，有多个函数用来产生各种常用的信号波形，例如扫频信号、锯齿波信号、冲激信号等。本节将重点介绍这些 MATLAB 波形函数工具包使用方法。

11.5.1　扫频信号

MATLAB 中的 chirp 函数用于产生扫频余弦信号，其调用格式如下：

$$y = \text{chirp}(t, f_0, t_1, f_1)$$
$$y = \text{chirp}(t, f_0, t_1, f_1, \text{method})$$
$$y = \text{chirp}(t, f_0, t_1, f_1, \text{method}, \text{phi})$$
$$y = \text{chirp}(t, f_0, t_1, f_1, '\text{quadratic}', \text{phi}, \text{shape})$$
$$y = \text{chirp}(\_\_\_, \text{cplx})$$

其中，t 表示信号时间采样样本；f_0 表示对应 0 时刻时的初始频率；t_1 表示一个时间点；f_1 表示对应 t_1 时刻点时的频率。method 规定了扫频的方法，默认为线性扫频，此外还有二次扫频以及对数扫频。chirp 产生余弦信号，其默认相位为 0，可通过 phi 参数更改其初始相位值。当采用二次扫频方法产生扫频信号时，shape 定义了频率随时间变换的形状。cplx 定义了输出的扫频信号是实数还是复数形式。

【例 11 - 19】　模拟仿真一个线性扫频信号，其采样时长为 1 s，采样频率为 1 kHz，要求其初始时刻频率值为 0 Hz，在 0.5 s 时，其频率值为 250 Hz。

解　程序代码如下：

```
%参数设置
fs=1e3;
T=1/fs;
f1=0;
f2=50;
t1=0;
t2=1;
t=t1：T：t2;
tx=0.5;
%模拟仿真
y=chirp(t, f1, tx, f2);
%信号显示
figure
plot(t, y);
xlabel('t');
ylabel('y');
```

程序运行结果如图 11 - 23 所示。

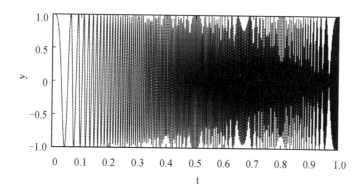

图 11 - 23　线性扫频模拟仿真波形

由线性扫频模拟仿真波形可以看出，随着 t 增大，其振动频次越来越快，为了能够看到其频率变化情况，采用如下程序分析其频谱：

```
figure
pspectrum(y, fs, 'spectrogram')
```

程序运行结果如图 11 - 24 所示。

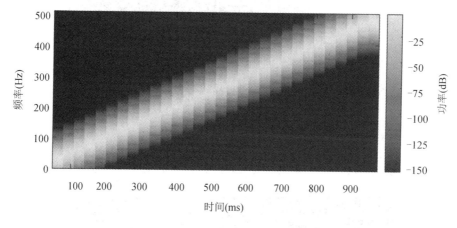

图 11 - 24　线性扫频信号频谱分析结果

根据频谱分析结果，可以看到，在 0.5 s 时，其频率集中在 250 Hz，之后信号频率继续按照线性增长，符合模拟仿真要求。

【例 11 - 20】　模拟仿真一个二次扫频信号，其采样时长为 1 s，采样频率为 1 kHz，要求其初始时刻频率值为 0 Hz，在 0.5 s 时，其频率值为 250 Hz。

　　解　程序代码如下：

```
%参数设置
fs=1e3;
T=1/fs;
f1=0;
f2=250;
t1=0;
```

```
t2=1;
t=t1：T：t2；
tx=0.5；
%模拟仿真
y=chirp(t, f1, tx, f2, 'quadratic');
%信号显示
figure
plot(t, y);
xlabel('t');
ylabel('y');
figure
pspectrum(y, fs, 'spectrogram')
```

程序运行结果如图 11-25 和图 11-26 所示。

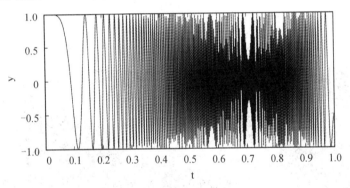

图 11-25　频率二次扫频模拟仿真波形

从二次扫频模拟仿真波形上观察，其与线性扫频波形结果存在较大差异。

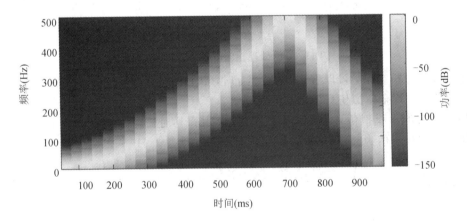

图 11-26　二次扫频信号频谱分析结果

由频谱分析结果可知，其频率变化成二次方波形形式。通过控制参数 t_1 及对应的频率值，可生成不同的频率二次变化波形。

11.5.2 冲激信号

冲激函数的数学定义如下：

$$D_N(x) = \begin{cases} \dfrac{\sin\left(\dfrac{Nx}{2}\right)}{N\sin\left(\dfrac{x}{2}\right)} & (x \neq 2\pi k, \ k = 0, \pm 1, \pm 2, \cdots) \\ (-1)^{k(N-1)} & (x = 2\pi k, \ k = 0, \pm 1, \pm 2, \cdots) \end{cases} \quad (11-17)$$

其中，N 为非零整数。

MATLAB 中的 diric 函数用于产生冲激信号，其调用格式如下：

$$y = \text{diric}(x, N)$$

其中，x 和 N 如公式(11-17)所示。

【例 11-21】 模拟仿真冲激函数，令 N 取值为 13，x 取值范围为 $-4\pi \sim 4\pi$。

解 程序代码如下：

```
x=linspace(-4 * pi, 4 * pi, 1000);
N=13;
%仿真
y=diric(x, N);
%信号显示
figure
plot(x, y);
xlabel('x');
ylabel('y');
```

程序运行结果如图 11-27 所示。

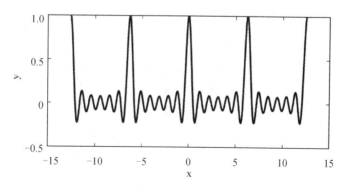

图 11-27 模拟仿真冲激函数波形

11.5.3 锯齿波信号

锯齿波也被称为三角波，MATLAB 中的 sawtooth 函数用于产生锯齿波，其调用格式如下：

$$x = \mathrm{sawtooth}(t)$$

$$x = \mathrm{sawtooth}(t, \mathrm{xmax})$$

其中，t 表示采样时间序列。当只定义采样时间序列时，sawtooth 将产生一个周期为 2π 的锯齿波，该波形与正弦波形类似，其峰值为 -1 和 1。xmax 重新定义了产生锯齿波的峰值，当定义 xmax 为 0.5 时，该函数将产生一个标准三角波。

【例 11-22】 模拟仿真一个频率为 50 Hz 的锯齿波形，其中设置采样频率为 1 kHz。

解 程序代码如下：

```
%参数设置
fs=1e3;
T=1/fs;
f=50;
Tx=1/f;
t1=0;
t2=10 * Tx;
t=t1：T：t2;
%模拟仿真
y=sawtooth(2 * pi * f * t);
%波形显示
figure
plot(t, y);
xlabel('t');
ylabel('y');
```

程序运行结果如图 11-28 所示。

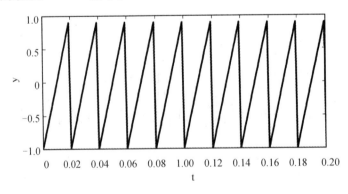

图 11-28 锯齿波模拟仿真波形

11.5.4 sinc 信号

sinc 函数数学表达式如下：

$$\mathrm{sinc}(t)=\begin{cases}\dfrac{\sin\pi t}{\pi t} & (t\neq 0)\\[2mm] 1 & (t=0)\end{cases} \tag{11-18}$$

MATLAB 函数包 sinc 用于产生 sinc 函数波形。其调用格式如下：

$$y=\mathrm{sinc}(x)$$

【例 11 - 23】　模拟仿真 sinc 信号波形，信号波形采样频率 f_s 为 1 kHz。令其输入 x 为 $2\pi ft$，其中 f 为 20 Hz，t 取值范围为 $-\pi/10\sim\pi/10$。

解　程序代码如下：

```
fs=1e3;
T=1/fs;
f=20;
Tx=1/f;
t1=-0.1 * pi;
t2=0.1 * pi;
t=t1：T：t2;
%模拟仿真
y=sinc(pi * f * t);
%波形显示
figure
plot(t, y);
xlabel('t');
ylabel('y');
```

程序运行结果如图 11 - 29 所示。

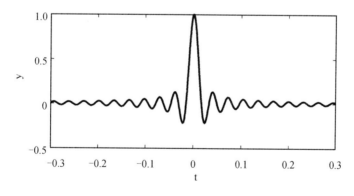

图 11 - 29　模拟仿真的 sinc 信号波形

11.5.5　方波信号

MATLAB 中的函数包 square 可产生方波信号，其调用格式如下：

$$x=\mathrm{square}(t)$$

$$x=\mathrm{square}(t,\ \mathrm{duty})$$

其中，t 表示采样时间序列；duty 表示占空比，其取值范围为 $0\sim100$。

【例 11 - 24】 模拟产生一个方波信号，其频率为 30 Hz，占空比为 37%，采样频率为 1 kHz。

解 程序代码如下：

```
fs=1e3;
f=30;
T=1/fs;
Tx=1/f;
t1=0;
t2=0.2;
t=t1: T: t2;
duty=37;
%模拟仿真
y=square(2 * pi * f * t, duty);
%波形显示
figure
plot(t, y);
xlabel('t');
ylabel('y');
```

程序运行结果如图 11 - 30 所示。

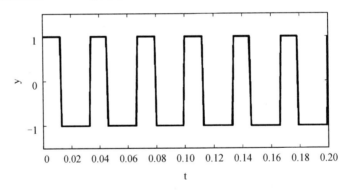

图 11 - 30   模拟产生的方波信号

11.5.6 信号分析实例

本节将对方波的傅里叶级数展开过程进行程序编写，通过调整傅里叶级数数目，观察方波被逼近情况。假设一方波信号定义如下，

$$s(t)=\begin{cases} 1 & \left(0 \leqslant t < \dfrac{T}{2}\right) \\ -1 & \left(\dfrac{T}{2} \leqslant t < T\right) \end{cases} \qquad (11-19)$$

其中，T 表示方波的周期。

对方波信号进行傅里叶展开，得到傅里叶级数幅值表达式为

$$
\begin{cases}
a_0 = 0 \\
a_n = \dfrac{2}{T}\displaystyle\int_0^T s(t)\cos(2\pi nft)\,\mathrm{d}t = \dfrac{2\sin(\pi n) - \sin(2\pi n)}{\pi n} & (n = 1,\ 2,\ 3,\ \cdots) \\
b_n = \dfrac{2}{T}\displaystyle\int_0^T s(t)\sin(2\pi nft)\,\mathrm{d}t = \dfrac{1 - 2\cos(\pi n) + \cos(2\pi n)}{\pi n} & (n = 1,\ 2,\ 3,\ \cdots)
\end{cases}
$$

$$(11-20)$$

则方波信号可用傅里叶级数表示为

$$
s(t) = \sum_{n=1}^{\infty}\big[a_n \cdot \cos(2\pi ft) + b_n \cdot \sin(2\pi f)\big] \tag{11-21}
$$

其中，f 表示基频，即 $f = 1/T$。程序代码如下：

```
T=1;
f=1/T;
fs=100;
Ts=1/fs;
t1=0;
t2=2;
t=t1:Ts:t2;
duty=50;
%矩形波产生
y=square(2*pi*f*t, duty);
%傅里叶级数
ft=zeros(size(y));
N=1;%控制傅里叶级数数目
forn=1:1:N
an=(2*sin(pi*n)-sin(2*pi*n))/(pi*n);
bn=(1-2*cos(n*pi)+cos(2*pi*n))/(pi*n);
ft=ft+an*cos(2*pi*f*t*n)+bn*sin(2*pi*f*t*n);
end
figure
plot(t, ft, '-.');
holdon
plot(t, y, '-');
ylim([-1.5, 1.5]);
xlabel('t');
ylabel('y');
```

该程序中的 N 可控制傅里叶级数数目，分别设置 N 为 1，5，10 和 100 时，得到的傅里叶拟合矩形波情况如图 11-31(a)～图 11-31(d)所示。

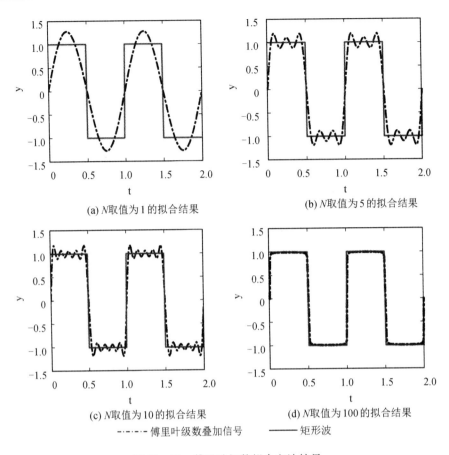

(a) N取值为1的拟合结果　　　　　　　(b) N取值为5的拟合结果

(c) N取值为10的拟合结果　　　　　　(d) N取值为100的拟合结果

-·-·-·- 傅里叶级数叠加信号　　　　——— 矩形波

图 11 - 31　傅里叶级数拟合方波结果

11.6　思 考 练 习

1. 假设一正弦信号幅值 A 为 2，频率 f 为 50 Hz，相位 φ 为 20°，常偏量 C 为 0，t 取值范围为 0~0.1，采样频率 f_s 为 500 Hz，请采用 MATLAB 对该信号进行离散化，并绘制采样后的信号序列。

2. 请利用 MATLAB 相关函数包产生一均值为 0、标准差为 0.5 的高斯白噪声，并绘制该噪声波形。

3. 假设一个信号波动符合：

$$x = A_1 \sin(2\pi f_1 t) + A_2 \sin(2\pi f_2 t) + \text{noise}$$

其中，A_1 取值为 10，A_2 取值为 15，f_1 和 f_2 分别取值为 53 Hz 和 130 Hz，noise 符合均值为 0，标准差为 2 的高斯白噪声，采用 f_s 为 1 kHz 的采样频率对上述信号进行采样，使用傅里叶变换求噪声中隐藏的信号频率分量，并绘制信号波形和频谱分析结果。

4. 假设 x 和 y 序列取值如下：

$$\begin{cases} x = A \sin(2\pi f_x t) + \text{noise} \\ y = A \cos(2\pi f_y t) + \text{noise} \end{cases}$$

其中，A 取值为 1，f_x 和 f_y 分别取值为 50 和 100，t 取值范围为 0～0.02，noise 符合均值为 0，标准差为 0.5 的高斯白噪声，以 1 kHz 对上述信号进行采样，试计算 x 与 y 之间的互相关系数 ρ，并绘制 ρ 与偏移量 m 之间的关系图。

5. 假设一随机信号表示如下：

$$y = A_1 \sin(2\pi f_1 t + \varphi_1) + A_2 \sin(2\pi f_2 t + \varphi_2) + \text{noise}$$

令 A_1 和 A_2 均为 1，f_1 为 55 Hz，f_2 为 138 Hz，φ_1 和 φ_2 分别为 30°和 75°，noise 表示均值为 0，标准差为 0.2 的高斯白噪声。假设采样频率 f_s 为 500 Hz，请采用周期图法对该随机信号进行功率谱分析。

6. 假设一信号采样频率为 1 kHz，设计一个 6 阶低通椭圆数字滤波器，阻带衰减 50 dB，通带波纹 3 dB，截止频率为 250 Hz。

7. 分别用 firls 和 remez 函数包设计一个 32 阶的反对称分段线性带通滤波器，其理想幅频响应 $\boldsymbol{f} = [0, 0.3, 0.4, 0.6, 0.7, 0.9]$，$\boldsymbol{a} = [0, 1, 0, 0, 0.5, 0.5]$，要求完成滤波器设计并绘制期望的实际频率响应。

8. 以 MATLAB 自带的 chirp 信号分析为例，分别设计 FIR 低通、高通滤波器，完成 chirp 中高频和低频成分提取。已知 chirp 信号采样频率 f_s 为 8192 Hz，分别设计一个阶数为 30 的低通和高通滤波器，以 $f_s/2$ 为频率界限，分别实现 chirp 低于 $f_s/2$ 和高于 $f_s/2$ 频率处成分提取。

9. 模拟产生一个方波信号，其频率为 30 Hz，占空比为 37%，采样频率为 1 kHz，对其进行傅里叶变换，并观察方波频谱分布特性。

10. 假设一个信号波动符合：

$$x = A_1 \sin(2\pi f_1 t) + A_2 \sin(2\pi f_2 t) + \text{noise}$$

其中，A_1 为 1，A_2 为 1.2，f_1 和 f_2 分别为 80 Hz 和 150 Hz，noise 符合均值为 0，标准差为 2 的高斯白噪声，分别采用 f_s 为 40 Hz、100 Hz、300 Hz、500 Hz 和 1 kHz 的采样频率对上述信号进行采样，并使用傅里叶变换求取信号频谱，观察信号波形和频谱分析结果。

第 12 章　神 经 网 络

神经网络的学习规则又称神经网络的训练算法,用来计算和更新神经网络的权值和阈值。学习规则有两大类别:有导师学习和无导师学习。在有导师学习中,需要为学习规则提供一系列正确的网络输入/输出对(即训练样本)。当网络输入时,将网络输出与相对应的期望值进行比较,应用学习规则调整权值和阈值,使网络的输出接近期望值。在无导师学习中,权值和阈值的调整只与网络输入有关系,没有期望值,这类算法大多用聚类法,将输入模式归类于有限的类别。本章将详细分析应用最广的有导师学习神经网络(BP 神经网络)的原理及其在回归拟合中的应用。

12.1　BP 神经网络

12.1.1　BP 神经网络概述

BP 神经网络是一种多层前馈神经网络。该网络的主要特点是信号前向传递,误差反向传播。在前向传递中,输入信号从输入层经隐含层逐层处理,直至输出层。每一层的神经元状态只影响下一层神经元状态。如果输出层得不到期望输出,则转入反向传播,根据预测误差调整网络权值和阈值,从而使 BP 神经网络预测输出不断逼近期望输出。BP 神经网络的拓扑结构如图 12 - 1 所示。

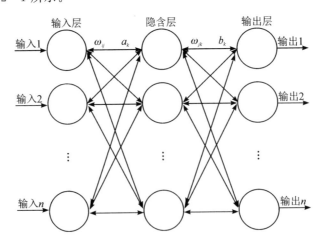

图 12 - 1　BP 神经网络的拓扑结构图

图 12 - 1 中,令 X_1, X_2, $\cdots$, X_n 为 BP 神经网络的输入值,Y_1, Y_2, $\cdots$, Y_n 为 BP 神经网络的预测值,ω_{ij} 和 ω_{jk} 为 BP 神经网络的权值。从图 12 - 1 中可以看出,BP 神经网络可以看成一个非线性函数,神经网络的输入值和预测值分别为该函数的自变量和因变量。

当输入节点数为 n，输出节点数为 m 时，BP 神经网络就表达了从 n 个自变量到 m 个因变量的函数映射关系。

BP 神经网络预测前要训练神经网络，通过训练使神经网络具有联想记忆和预测能力。BP 神经网络的训练过程包括以下几个步骤：

步骤 1：初始化网络。

根据系统的输入/输出序列 (X, Y) 确定网络输入层节点数 n、隐含层节点数 l、输出层节点数 m，初始化输入层、隐含层和输出层神经元之间的连接权值 ω_{ij}、ω_{jk}，初始化隐含层阈值 a、输出层阈值 b，给定学习速率和神经元激励函数。

步骤 2：计算隐含层输出。

根据输入变量 X、输入层和隐含层间的连接权值 ω_{ij} 以及隐含层阈值 ω_{jk}，计算隐含层输出：

$$H_j = f\left(\sum_{i=1}^{n}\omega_{ij}x_i - a_j\right) \quad (j=1, 2, \cdots, l) \tag{12-1}$$

式中，l 表示隐含层节点数；f 表示隐含层激励函数，该函数有多种表达形式，本章所选函数为

$$f(x) = \frac{1}{1 + \mathrm{e}^{-x}} \tag{12-2}$$

步骤 3：计算输出层输出。

根据隐含层输出 H、连接层 ω_{jk} 和阈值 b，计算 BP 神经网络的预测输出：

$$O_k = \sum_{j=1}^{l}H_j\omega_{jk} - b_k \quad (k=1, 2, \cdots, m) \tag{12-3}$$

步骤 4：计算误差。

根据神经网络的预测输出 O 和期望输出 Y，计算网络预测误差：

$$e_k = Y_k - O_k \quad (k=1, 2, \cdots, m) \tag{12-4}$$

步骤 5：更新权值。

根据神经网络的预测误差 e 更新权值 ω_{ij}、ω_{jk}：

$$\begin{cases} \omega_{ij} = \omega_{ij} + \eta H_j(1-H_j)x(i)\sum_{k=1}^{m}\omega_{jk}e_k & (i=1, 2, \cdots, n; j=1, 2, \cdots, l) \\ \omega_{jk} = \omega_{jk} + \eta H_j e_k & (j=1, 2, \cdots, l; k=1, 2, \cdots, m) \end{cases} \tag{12-5}$$

式中，η 表示学习速率。

步骤 6：更新阈值。

根据神经网络的预测误差 e 更新网络节点的阈值 a、b：

$$\omega_{ij} = \omega_{ij} + \eta H_j(1-H_j)x(i)\sum_{k=1}^{m}\omega_{jk}e_k \quad (j=1, 2, \cdots, l)$$

$$b_k = b_k + e_k \quad (k=1, 2, \cdots, m) \tag{12-6}$$

步骤 7：判断算法迭代是否结束，若没有则结束，返回步骤 2。

12.1.2 　语音特征信号识别

语音特征信号识别是语音识别研究领域的一个重要方面，一般采用模式匹配的原理解

决。语音识别的运算过程为：首先，待识别语音转化为电信号后输入识别系统，经过预处理后用数学方法提取语音特征信号，提取出的语音特征信号可以看成该段语音的模式；然后，将该段语音模式同已知参考模式相比较，获得最佳匹配的参考模式，作为该段语音的识别结果。语音识别流程如图 12 - 2 所示。

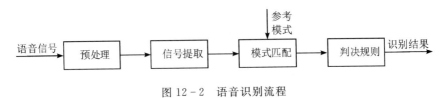

图 12 - 2 　语音识别流程

本案例选取了民歌、古典、摇滚和流行四类不同音乐，用 BP 神经网络实现对这四类音乐的有效分类。每段音乐都用倒谱系数法提取 500 组 24 维语音特征信号。提取出的语音特征信号如图 12 - 3 所示。

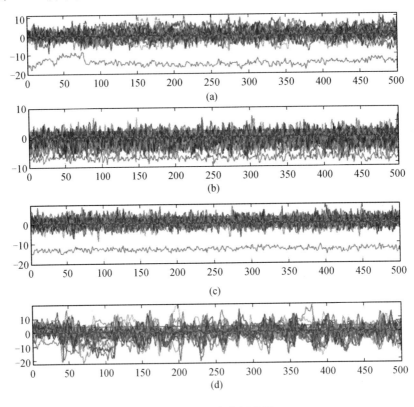

图 12 - 3 　语音特征信号

12.2 　模 型 建 立

BP 神经网络的语音特征信号分类算法建模包括 BP 神经网络构建、BP 神经网络训练和 BP 神经网络分类三步，算法流程如图 12 - 4 所示。

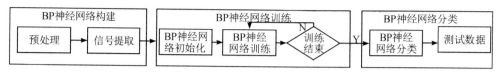

图 12-4 算法流程

BP 神经网络构建根据系统输入/输出数据的特点确定 BP 神经网络的结构。由于语音特征输入信号有 24 维，待分类的语音信号共有 4 类，所以 BP 神经网络的结构为 24—25—4，即输入层有 24 个节点，隐含层有 25 个节点，输出层有 4 个节点。

BP 神经网络训练用训练数据训练 BP 神经网络。共有 2000 组语音特征信号，从中随机选择 1500 组数据作为训练数据，用于训练网络，其余 500 组数据作为测试数据，用于测试网络的分类能力。

BP 神经网络分类用训练好的神经网络对测试数据所属语音类别进行分类。

12.3 MATLAB 实现

本节将根据 BP 神经网络理论，在 MATLAB 软件中编程实现 BP 神经网络的语音特征信号的分类算法。

12.3.1 归一化方法及 MATLAB 函数

数据归一化方法是神经网络预测前对数据常做的一种处理方法。数据归一化处理把所有数据都转化为[0，1]之间的数，其目的是取消各维数据间的数量级差别，避免因为输入/输出数据的数量级差别较大而造成网络预测误差较大。数据归一化方法主要有以下两种：

1. 最大最小法

函数形式如下：

$$x_k = \frac{x_k - x_{\min}}{x_{\max} - x_{\min}} \tag{12-7}$$

式中，$x_{\min}$ 表示数据序列中的最小数，$x_{\max}$ 表示数据序列中的最大数。

2. 平均数方差法

函数形式如下：

$$x_k = \frac{x_k - x_{\mathrm{mean}}}{x_{\mathrm{var}}} \tag{12-8}$$

式中，x_{mean} 表示数据序列的均值，x_{var} 表示数据序列的方差。

本案例采用第一种数据归一化方法，归一化函数采用 MATLAB 自带函数 mapminmax，该函数有多种形式，常用的方法如下：

　　%input_train、output_train 分别是训练输入、输出数据

　　[inputn，inputps]＝mapminmax(input_train);

　　[outputn，outputps]＝mapminmax(output_train);

其中，input_train、output_train 是训练输入、输出原始数据；inputn、outputn 是归一化后的数据；inputps、outputps 为数据归一化后得到的结构体，其中包含了数据最大值、最小

值和平均值等信息，可用于测试数据归一化和反归一化。测试数据归一化和反归一化的程序如下：

$\quad$ inputn_test＝mapminmax('apply'. input_test，inputps)；%测试输入数据归一化

$\quad$ BPoutput＝mapminmax('reverse'，an，outputps)；%网络预测数据反归一化

其中，input_test 是预测输入数据；inputn_test 是归一化后的预测数据；'apply'表示根据 inputps 的值对 input_test 进行归一化；an 是网络预测结果；outputps 是训练输出数据归一化得到的结构体；BPoutput 是反归一化之后的网络预测输出；'reverse'表示对数据进行反归一化。

12.3.2 数据选择和归一化

首先根据倒谱系数法提取四类音乐的语音特征信号，不同的语音特征信号分别用 1，2，3，4 标识，提取出的信号分别存储于 data1. mat，data2. mat，data3. mat，data4. mat 数据库文件中，每组数据有 25 维，第 1 维为类别标识，后 24 维为语音特征信号。然后把四类语音特征信号合为一组，从中随机选取 1500 组数据作为训练数据，其余 500 组数据作为测试数据，并对训练数据进行归一化处理。根据语音类别标识设定每组语音信号的期望输出值，如标识类为 1 时，期望输出向量为[1000]。

```
clc
clear
%下载四类语音信号
load data1 c1
load data2 c2
load data3 c3
load data4 c4
%四个特征信号矩阵合成一个矩阵
data(1: 500,:)＝c1(1: 500,:);
data(501: 1000,:)＝c2(1: 500,:);
data(1001: 1500,:)＝c3(1: 500,:);
data(1501: 2000,:)＝c4(1: 500,:);
%从 1 到 2000 随机排序
k＝rand(1, 2000);
[m, n]＝sort(k);
%输入/输出数据
input＝data(:, 2: 25);
output1＝data(:,1);
%把输出从 1 维变成 4 维
output＝zeros(2000, 4);
for i＝1: 2000
    switch output1(i)
        case 1
            output(i,:)＝[1 0 0 0];
        case 2
            output(i,:)＝[0 1 0 0];
        case 3
```

```
        output(i,:)=[0 0 1 0];
      case 4
        output(i,:)=[0 0 0 1];
      end
    end
%随机提取 1500 个样本作为训练样本，500 个样本作为预测样本
input_train=input(n(1: 1500),:)';
output_train=output(n(1: 1500),:)';
input_test=input(n(1501: 2000),:)';
output_test=output(n(1501: 2000),:)';
%输入数据归一化
[inputn, inputps]=mapminmax(input_train);
```

12.3.3 BP 神经网络结构的初始化

根据语音特征信号的特点确定 BP 神经网络的结构为 24—25—4，随机初始化 BP 神经网络的权值和阈值，程序如下：

```
%%网络结构初始化
innum=24;
midnum=25;
outnum=4;
%权值初始化
w1=rands(midnum, innum);
b1=rands(midnum, 1);
w2=rands(midnum, outnum);
b2=rands(outnum, 1);
w2_1=w2; w2_2=w2_1;
w1_1=w1; w1_2=w1_1;
b1_1=b1; b1_2=b1_1;
b2_1=b2; b2_2=b2_1;
%学习率
xite=0.1;
alfa=0.01;
loopNumber=10;
I=zeros(1, midnum);
Iout=zeros(1, midnum);
FI=zeros(1, midnum);
dw1=zeros(innum, midnum);
db1=zeros(1, midnum);
```

12.3.4 BP 神经网络的训练

用训练数据训练 BP 神经网络，在训练过程中根据网络误差调整网络的权值和阈值，程序如下：

```
%%网络训练
E=zeros(1, loopNumber);
for ii=1:10
    E(ii)=0;
    for i=1:1:1500
        %%网络预测输出
        x=inputn(:,i);
        %隐含层输出
        for j=1:1: midnum
            I(j)=inputn(:,i)' * w1(j,:)'+b1(j);
            Iout(j)=1/(1+exp(-I(j)));
        end
        %输出层输出
        yn=w2' * Iout'+b2;

        %%权值阈值修正
        %计算误差
        e=output_train(:, i)-yn;
        E(ii)=E(ii)+sum(abs(e));

        %计算权值变化率
        dw2=e * Iout;
        db2=e';

        for j=1: 1: midnum
            S=1/(1+exp(-I(j)));
            FI(j)=S * (1-S);
        end
        for k=1: 1: innum
            for j=1: 1: midnum
                dw1(k, j)=FI(j) * x(k) * (e(1) * w2(j,1)+e(2) * w2(j,2)+e(3) * w2(j,3)+e(4) * w2(j, 4));
                db1(j)=FI(j) * (e(1) * w2(j, 1)+e(2) * w2(j, 2)+e(3) * w2(j, 3)+e(4) * w2(j, 4));
            end
        end
        w1=w1_1+xite * dw1'+alfa * (w1_1-w1_2);
        b1=b1_1+xite * db1'+alfa * (b1_1-b1_2);
        w2=w2_1+xite * dw2'+alfa * (w2_1-w2_2);
        b2=b2_1+xite * db2'+alfa * (b2_1-b2_2);
        w1_2=w1_1; w1_1=w1;
        w2_2=w2_1; w2_1=w2;
        b1_2=b1_1; b1_1=b1;
        b2_2=b2_1; b2_1=b2;
    end
end
```

12.3.5　BP 神经网络的分类

用训练好的 BP 神经网络分类语音特征信号，根据分类结果分析 BP 神经网络分类能力，程序如下：

```
%%语音特征信号分类
inputn_test＝mapminmax('apply', input_test, inputps);
fore＝zeros(4,500);
for ii＝1：1
    for i＝1：500%1500
        %隐含层输出
        for j＝1：1：midnum
            I(j)＝inputn_test(:,i)' * w1(j,:)'+b1(j);
            Iout(j)＝1/(1+exp(−I(j)));
        end

        fore(:, i)＝w2' * Iout'+b2;
    end
end
%%结果分析
%根据网络输出找出数据属于哪类
output_fore＝zeros(1, 500);
for i＝1：500
    output_fore(i)＝find(fore(:, i)＝＝max(fore(:, i)));
end
%BP 网络预测误差
error＝output_fore−output1(n(1501：2000))';
%画出预测语音种类和实际语音种类的分类图
figure(1)
plot(output_fore, 'r')
hold on
plot(output1(n(1501：2000))', 'b')
legend('预测语音类别', '实际语音类别')
%画出误差图
figure(2)
plot(error)
title('BP 网络分类误差', 'fontsize', 12)
xlabel('语音信号', 'fontsize', 12)
ylabel('分类误差', 'fontsize', 12)
%print −dtiff −r600 1−4
k＝zeros(1, 4);
%找出判断错误的分类属于哪一类
for i＝1：500
    if error(i)∼＝0
        [b, c]＝max(output_test(:, i));
```

```
        switch c
          case 1
            k(1)=k(1)+1;
          case 2
            k(2)=k(2)+1;
          case 3
            k(3)=k(3)+1;
          case 4
            k(4)=k(4)+1;
        end
      end
    end
    %找出每类的个体和
    kk=zeros(1,4);
    for i=1:500
      [b,c]=max(output_test(:,i));
      switch c
        case 1
          kk(1)=kk(1)+1;
        case 2
          kk(2)=kk(2)+1;
        case 3
          kk(3)=kk(3)+1;
        case 4
          kk(4)=kk(4)+1;
      end
    end
    %正确率
    rightridio=(kk-k)./kk;
    disp('正确率')
    disp(rightridio);
```

12.3.6　结果分析

用训练好的 BP 神经网络分类语音特征信号测试数据，BP 神经网络分类误差如图 12−5 所示。

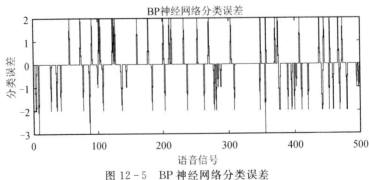

图 12−5　BP 神经网络分类误差

BP 网络分类正确率如表 12 - 1 所示。

表 12 - 1　BP 网络分类正确率

语音信号类别	第一类	第二类	第三类	第四类
识别正确率	0.7823	1.0000	0.8195	0.8760

从 BP 神经网络分类结果可以看出，基于 BP 神经网络的语音信号分类算法具有较高的准确性，能够准确识别出语音信号所属类别。

12.5　思 考 练 习

1. Iris 鸢尾花数据集内包含 3 类分别为山鸢尾(Iris-setosa)、变色鸢尾(Iris-versicolor)和弗吉尼亚鸢尾(Iris-virginica)，共 150 条记录，每类各 50 个数据，每条记录都有 4 项特征：花萼长度、花萼宽度、花瓣长度、花瓣宽度。采用 BP 神经网络分类法，对其进行分类，并统计其分类正确率。

2. 1981 年，生物学家 W. Grogan 和 W. Wirth 发现了两类蚊子，分别记为 Apf 和 Af，他们测量了这两类蚊子每个个体的翼长和触角长，数据如表 12 - 2 所示。

表 12 - 2　已 知 数 据

翼长/mm	触角长/mm	类别	翼长/mm	触角长/mm	类别
1.78	1.14	Apf	1.64	1.38	Af
1.96	1.18	Apf	1.82	1.38	Af
1.86	1.20	Apf	1.90	1.38	Af
1.72	1.24	Af	1.70	1.40	Af
2.00	1.26	Apf	1.82	1.48	Af
2.00	1.28	Apf	1.82	1.54	Af
1.96	1.30	Apf	2.08	1.56	Af
1.74	1.36	Af			

如果抓到三只新的蚊子，它们的触角长和翼长分别为(1.24，1.80)、(1.28，1.84)和(1.40，2.04)，它们分别属于哪一个种类？

参 考 文 献

［1］　刘卫国. MATLAB 程序设计教程［M］. 3 版. 中国水利水电出版社，2017.

［2］　刘卫国. MATLAB 2021 从入门到实战［M］. 北京：水利水电出版社，2021.

［3］　王赫然. MATLAB 程序设计［M］. 北京：清华大学出版社，2020.

［4］　王健，赵国生. MATLAB 数学建模与仿真［M］. 北京：清华大学出版社，2016.

［5］　杜志强，葛述卿，房建峰，等. 基于 MATLAB 语言的机构设计与分析［M］. 上海：上
海科学技术出版社，2011.

［6］　李献，骆志伟，于晋臣. MATLAB/Simulink 系统仿真［M］. 北京：清华大学出版
社，2017.

［7］　沈再阳. MATLAB 信号处理［M］. 北京：清华大学出版社，2017.

［8］　史峰，王辉，郁磊，等. MATLAB 智能算法 30 个案例分析［M］. 2 版. 北京：北京航
空航天大学出版社，2015.

［9］　曹旺. MATLAB 智能优化算法：从写代码到算法思想［M］. 北京：北京大学出版
社，2021.

［10］　张德丰. MATLAB R2017a 人工智能算法［M］. 北京：电子工业出版社，2018.

［11］　杨德平，李聪，杨本硕，等. MATLAB9.8 基础教程［M］. 北京：机械工业出版
社，2022.

［12］　罗华飞. MATLAB GUI 设计学习手记［M］. 2 版. 北京：北京航空航天大学出版社，
2011.

［13］　高扬. MATLAB 与计算机仿真［M］. 北京：机械工业出版社，2022.